AI-VR 시뮬레이션 기반

항공안전

전 세계의 많은 항공사에서 가장 보편적으로 적용 중인
항공기 객실안전 정리 및 AI-VR 시스템 기반의 시나리오 구성

서동희 저

(주)백산출판사

Preface

항공은 인공지능(AI), 빅데이터, 머신러닝 등 IT 신기술의 활용이 활발한 산업으로 특히 항공기내안전관리 부문에 최첨단기술이 빠르게 도입되고 있다. AI가 접목된 항공객실안전은 객실승무원의 안전수행역량을 높이는 효과적인 교육법으로 제시되고 있다. 이제 교육생들은 기내화재, 감압, 항공기 탈출 등의 다양한 비상상황을 VR 프로그램을 통해 생생하게 체험하고 스스로 대처하는 기술을 훈련할 수 있다.

전 세계의 많은 항공사에서 가장 보편적으로 적용하고 있는 항공기 객실안전을 「AI-VR 시뮬레이션 기반 항공안전」에서 쉽게 이해할 수 있도록 정리해 놓았다. 항공객실안전에 입문하는 독자를 위해 본문 앞부분에 항공안전용어와 객실승무원 업무절차를 정리하였으며, 본문 중간부분에는 객실안전을 비행단계별로 구분하여 설명하고, 다시 일반절차와 비상절차로 나누어 상황에 따른 객실안전지침을 기술하였다. 또한, 객실보안과 기내 응급의료를 각각의 단원으로 정리하였다. 본문 마지막 부분은 항공기 감압, 화장실 화재 등의 비상상황을 AI-VR 시스템 기반의 시나리오로 구성하여 가상체험에 응용할 수 있게 하였다.

만약 AI가 항공기 객실안전요원의 역할을 수행하게 된다면 보다 완전한 항공안전에 다가갈 수 있을 것이다. 하지만 기술이 아무리 발전해도 객실안전을 책임지는 객실승무원의 소명과 책임감은 AI가 절대 갖지 못할 것이다. 비상상황에서 항공기 탈출을 결정하는 판단력과 이를 수행하는 임무는 동료와 승객의 안전을 생각하는 객실승무원의 책임감에서 나온다고 믿기 때문이다.

부족하지만 이 책이 세상에 나올 수 있도록 객실승무원의 지식과 경험을 갖게 해준 아랍에미레이트 항공사와 네덜란드 KLM 항공사에 감사한 마음을 전한다. 또한, 꿈을 이뤄낸 독자들이 언젠가 이 책에서 학습한 내용을 항공사 훈련원에서, 항공기 기내에서 마음껏 펼치는 날이 오기를 기대해 본다.

2021년 6월

서동희

Flight Safety Manual Based On AI-VR Simulation

Contents

Flight Safety Manual Based On AI-VR Simulation

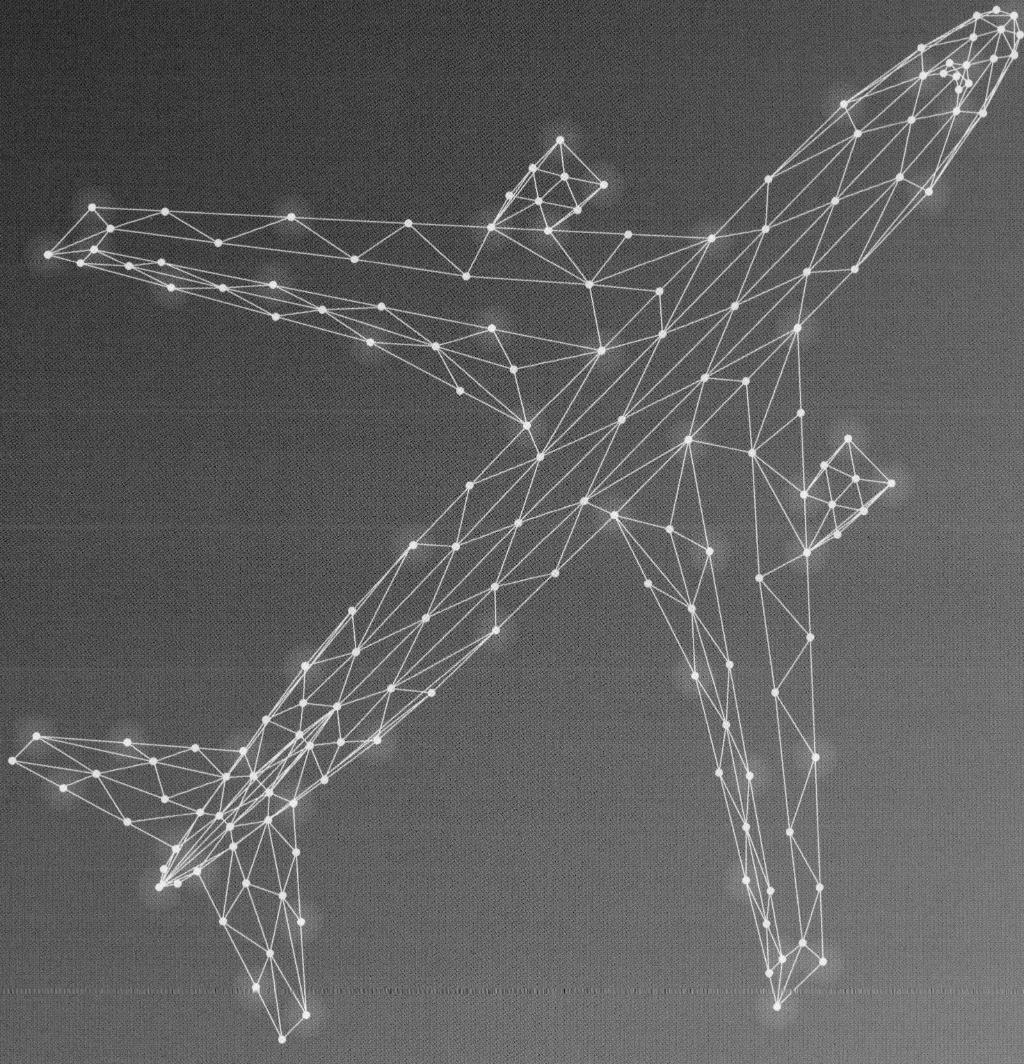

I

항공안전용어의 정의

I 항공안전용어의 정의

A

- **Air way**

비행기의 운항을 위해 지정된 항로

- **Apron**

비행기 계류장 또는 주기장

- **Arming Lever**

도어 모드(door mode)를 변경하는 레버. Slide Mode Selector라고도 한다.

- **Assist Handle**

비행기 동체에 설치된 손잡이로 도어를 열거나 닫을 때 추락을 방지하기 위해 사용한다.

- **ATC**

Air Traffic Control, 항공교통관제기관. 비행기의 이착륙, 진입, 항공 관제 등 전반적인 항공교통 제반사항을 통제하는 곳

- **AVOD**

Audio Video On Demand. 개인 좌석에 장착된 개인용 모니터로 원하는 음악, 게임, 비행정보 등이 제공되는 멀티미디어 시스템

B

- **Baby Bassinet**

유아용 침대. Cradle이라고도 한다. 기내 bulkhead에 설치하는 유아를 위한 요람

- **Bulkhead**

객실 등급 또는 업무구역 사이에 설치된 분리벽 또는 칸막이

- **Bulkhead Seat**

Bulkhead 바로 뒤에 설치된 좌석

- **Bunk**

기내 객실승무원 휴식공간. CRC(Crew Rest Compartment), OCR(Overhead Crew Rest Area)이라고도 한다.

C

- **Canopy**

비상착수(ditching) 후 물 위에서 태양열, 폭풍우, 파도, 추위 등을 피하기 위한 용도로 raft(구명정)에 설치하는 차양

- **Captain**

기장

- **Catering**

기내식, 음료 등을 승객들에게 제공하는 것

- **Charter Flight**

비행구간과 일정이 정해지지 않은 부정기편

- **C. I. Q.**

Custom(세관), Immigration(출입국), Quarantine(검역)

- **Clamp**

비상착수(ditching) 후 raft(구명정)가 파손되어 물이 들어올 때 수리하는 도구

- Code Share

협력관계를 맺은 항공사들 간에 특정 노선 좌석의 일부분을 공유하고 판매하여 운영하는 방식

- CRM

Crew Resource Management. 인적 과실을 방지하여 항공안전운항을 유지하기 위한 인적 관리법

D

- Decompression

비행 중 비행기의 결함이나 기체손상으로 객실 내부의 압력이 빠져나가는 상태를 감압(Decompression)이라고 한다. 감압이 발생하면 기압이 낮아지고 기내 산소가 희박해져서 비상산소공급장치가 자동으로 가동한다.

- De-Icing

비행기 동체의 눈, 서리, 얼음 등을 제거하는 제빙작업과 재결빙 방지를 위해 방빙용액을 뿌리는 작업

- Door Locking Indicator

도어의 잠금상태를 알려주는 표시기. 도어가 잠금상태일 때는 녹색의 'LOCKED'가 표시되고 도어가 열려 있거나 완전히 잠기지 않았을 때는 붉은색의 'UNLOCKED'가 표시된다.

E

- Emergency Light

비상상황에서 기내를 밝혀 시야를 확보하고 비행기 내부와 외부의 경로를 밝혀 탈출을 용이하게 하는 기내 비상등

F

- **Flight Time**

승무시간. 비행기가 이륙을 목적으로 최초로 이동한 시간부터 운항이 종료되어 정지된 시간까지의 총시간. 다른 말로 비행시간 또는 Block To Block 또는 Chock Off To Chock On이라고도 한다.

- **Ferry Flight**

승객이나 화물 등 유상 탑재물을 탑재하지 않고 빈 비행기로 운항하는 것. 주로 비행기 정비, 신규 도입, 전세기 운항 등의 이유로 운항한다.

- **Fire Extinguisher**

화재진압에 사용하는 소화기. 일반적으로 기내에 구비되어 있는 소화기에는 Halon 소화기와 H_2O 소화기가 있고 기내 화장실, 화물칸 등에 설치되어 자동으로 소화액이 분사되는 Automatic Fire Extinguisher가 있다.

- **FWD**

Forward의 약자. 비행기 내부의 앞쪽을 지칭함

- **Fuselage**

비행기 동체

G

- **Galley**

기내식과 음료를 보관하고 서비스를 준비하는 기내공간

- **Go Around**

복행. Missed Approached라고도 한다. 운항단계 중 진입(Approach)단계에서 착륙 시도 중에 착륙 활주로의 확인 불가능, 활주로의 장애물, 기상 불량, 진입 고도 불량, 관제탑으로부터의 지시 등의 이유로 비행기가 착륙을 포기하고 다시 상승하는 것을 말한다.

- GMT

Greenwich Mean Time의 약자로 그리니치 평균시. 즉, 세계표준시를 의미한다.

- Ground Handling

지상조업. 지상에서 이루어지는 비행기 운항과 관련한 모든 업무

- Ground Time

비행기가 Ramp-In부터 Ramp-Out할 때까지 지상에서 머무는 시간

- Gust Lock

비행기 도어가 열림상태일 때 도어가 비행기 동체로부터 움직이지 않도록 고정시켜 주는 장치

- Gust Lock Release Handle

비행기 도어를 닫기 위해 Gust Lock을 해제하는 장치

H

- HELP Position

Heat Escape Release Position 자세. 비상착수하였을 때, 물에서 최대한 체온을 유지하기 위해 목, 겨드랑이, 허벅지를 웅크리는 자세

- Huddle Position

비상착수하였을 때, 물에서 최대한 체온을 유지하기 위해 여러 사람들이 서로 팔짱을 끼고 원형의 형태를 유지하는 자세

- Gust Lock

비행기가 Ramp-In부터 Ramp-Out할 때까지 지상에서 머무는 시간

I

- Inbound

왕복비행에서 원래 출발지로 돌아오는 비행

- **In-Flight Security**

항공보안. 의도적이거나 우발적인 모든 위험요소(risk)를 인지하여 이를 제거함과 동시에 예방함으로써 승객, 승무원, 비행기를 불법적인 항공범죄 행위, 간섭행위로부터 보호하기 위한 일체의 수단과 방법

L

- **LAV**

Lavatory

- **Life Vest**

비행기가 물로 비상착수하는 경우, 탈출할 때 착용하는 구명복

- **LRBL**

Least Risk Bomb Location. 폭발물 피해 최소구역. 폭발물(bomb) 또는 폭발장치(explosive device)가 폭발하는 경우 비행기에 최소한의 영향을 주기 위해 지정된 장소

M

- **M/D**

Main Deck, 기내 일층

- **MRT**

Manual Release Tool. Airbus 기종은 기내에서 산소마스크가 자동으로 내려오지 않을 경우 객실승무원이 마스크 보관함 패널의 작은 구멍(Operating Rod)에 MRT를 넣어 내려오게 한다.

N

- **Non Stop Flight**

목적지까지 기항지 없이 착륙하지 않는 무착륙 비행

O

- **Outbound**

왕복비행에서 출발지를 떠나 목적지로 향해 가는 비행

- **Over Wing Exit Door**

비행기 날개 부근에 위치한 비상구. 승객의 탑승과 하기 목적의 출입구가 아닌 비상 탈출구로만 사용한다.

P

- **PAX**

Passenger, 승객

- **PBE**

Protective Breathing Equipment, 화재방독장비. 기내에 화재, 연기, 유독가스가 발생하였을 때, 안면과 호흡을 보호하고 시야를 확보해 주는 장비

- **PSU**

Passenger Service Unit. 기내 승객좌석 머리 위 Overhead Panel에 설치된 구성품으로 독서등(reading light), 기내방송 스피커, Attendant Call Button, 산소마스크 등이 장착되어 있다.

- **PFC**

Pre-Flight Check, 비행 전 안전점검. 객실승무원이 승객들이 비행기에 탑승하기 전에 객실 안전 · 보안 및 서비스를 위해 기내에서 준비하는 업무. 비상장비 확인, 비행기 상태 점검, 서비스 기물 및 물품을 점검하는 업무 등이 이에 속한다.

- **Push-Back**

비행기가 주기되어 있는 곳에서 출발하기 위해 후진하는 것을 말한다. 비행기는 자체 후진력이 없기 때문에 Towing Car에 의해 견인되어 후진한다. 푸시백(Push-Back)은 주로 비행기가 Ramp-Out하는 단계에서 이루어진다.

- Pressurized

고도가 높아질수록 압력은 낮아진다. 고도 10,000ft 이상을 순항하는 비행기 내부에서 산소가 희박해지는 것을 막기 위해 인위적으로 일정한 압력을 유지하는 상태를 가압(Pressurized)이라고 한다.

Q

- Quick Turn Flight

지상체류시간이 짧은 운항편. Turn Around Flight라고도 한다. 일반적으로 승객들이 하기한 후 새로운 승객들을 탑승시켜 출발한 노선으로 돌아오는 운항편을 의미한다.

R

- Ramp-In

착륙한 비행기가 유도로활주 이후 비행이 종료되어 주기장에 머무는 것

- Ramp

비행기 계류장

- Ramp-Out

비행기가 이륙을 목적으로 주기장에서 최초로 움직이는 것. 일반적으로 푸시백(Push-Back)과 같은 시점이지만 처음부터 비행기가 스스로의 힘으로 이동하는 경우도 있어 푸시백(Push-Back)이 없을 수도 있다.

- Restricted Item

기내 반입이 불가한 휴대 수화물

S

- Safcty Pin

Airbus 기종에서 도어모드가 우발적으로 전환되지 않게 고정하는 핀

- Signal Mirror

긴급신호용 장비 안에 구비되어 있는 반사경. 비상탈출 후 구조요청을 하기 위해 비행기나 선박에 태양광을 반사시켜 구조신호를 보내는 장비

- Shoulder Harness

점프싯에 설치되어 있는 어깨벨트

- STA

Scheduled Time of Arrival. 공시된 일정상의 비행기 도착예정시간

- STD

Scheduled Time of Departure. 공시된 일정상의 비행기 출발예정시간

- Stretcher

침대에 누워서 비행기 여행을 해야 하는 중환자, 부상환자, 수술환자를 위해 일시적으로 기내에 설치한 간이침대

T

- Take-Off

이륙

- Taxi

유도로주행. 비행기가 이륙을 위해 지상 이동하는 행위

- 30 Seconds Review

비행기 이착륙 시 객실승무원이 점프싯에서 비상상황이 발생하였을 경우 취해야 하는 행동을 30초 동안 머릿속으로 떠올려보는 것

- Towing

지상에서 비행기를 견인하는 Towing Car가 비행기를 이동시키는 것

- TUC

Time of Useful Consciousness. 유효의식시간. 감압이 발생한 시점부터 신체의 산소

가 부족하게 되어 적절히 효과적인 행동을 수행할 수 없게 되기까지의 일반적인 소요 시간을 의미한다.

- Turbulence

비행기가 난기류의 영향을 받아 흔들리는 현상

U

- U/D

Upper Deck, 기내 위층

- UM

Unaccompanied Minor, 비동반 소아. 보호자 없이 혼자 여행하는 미성년의 승객

V

- Viewing Window

비행기 도어에 설치된 창문. 정상상황에서 도어를 열고 닫을 때, 비상상황에서 외부 상황을 관찰할 때 이용한다.

W

- W/B

Weight and Balance. 비행기가 안전하게 운항할 수 있도록 비행기의 중심 분포를 계산하고 중심 위치를 결정하는 것

NATO 포네틱 코드(NATO Phonetic Alphabet)

NATO 포네틱 코드(NATO phonetic alphabet)란 알파벳마다 단어를 지정한 음성문자의 집합을 말한다. 국가, 도시이름, 비행기 코드 등 영어 알파벳을 많이 사용하는 항공사에서 알파벳을 잘못 알아듣는 실수를 줄이기 위해 NATO 포네틱 코드를 많이 사용한다.

NATO 포네틱 코드

알파벳	코드 워드(CODE WORD)	발음
A	Alfa	알파
B	Bravo	브라보
C	Charlie	찰리
D	Delta	델타
E	Echo	에코
F	Foxtrot	폭스트롯
G	Golf	골프
H	Hotel	호텔
I	India	인디아
J	Juliet	줄리엣
K	Kilo	킬로
L	Lima	리마
M	Mike	마이크
N	November	노벰버
O	Oscar	오스카
P	Papa	파파
Q	Quebec	퀘벡
R	Romeo	로미오
S	Sierra	시에라
T	Tango	탱고
U	Uniform	유니폼
V	Victor	빅터

W	Whiskey	위스키
X	X-ray	엑스레이
Y	Yankee	양키
Z	Zulu	줄루

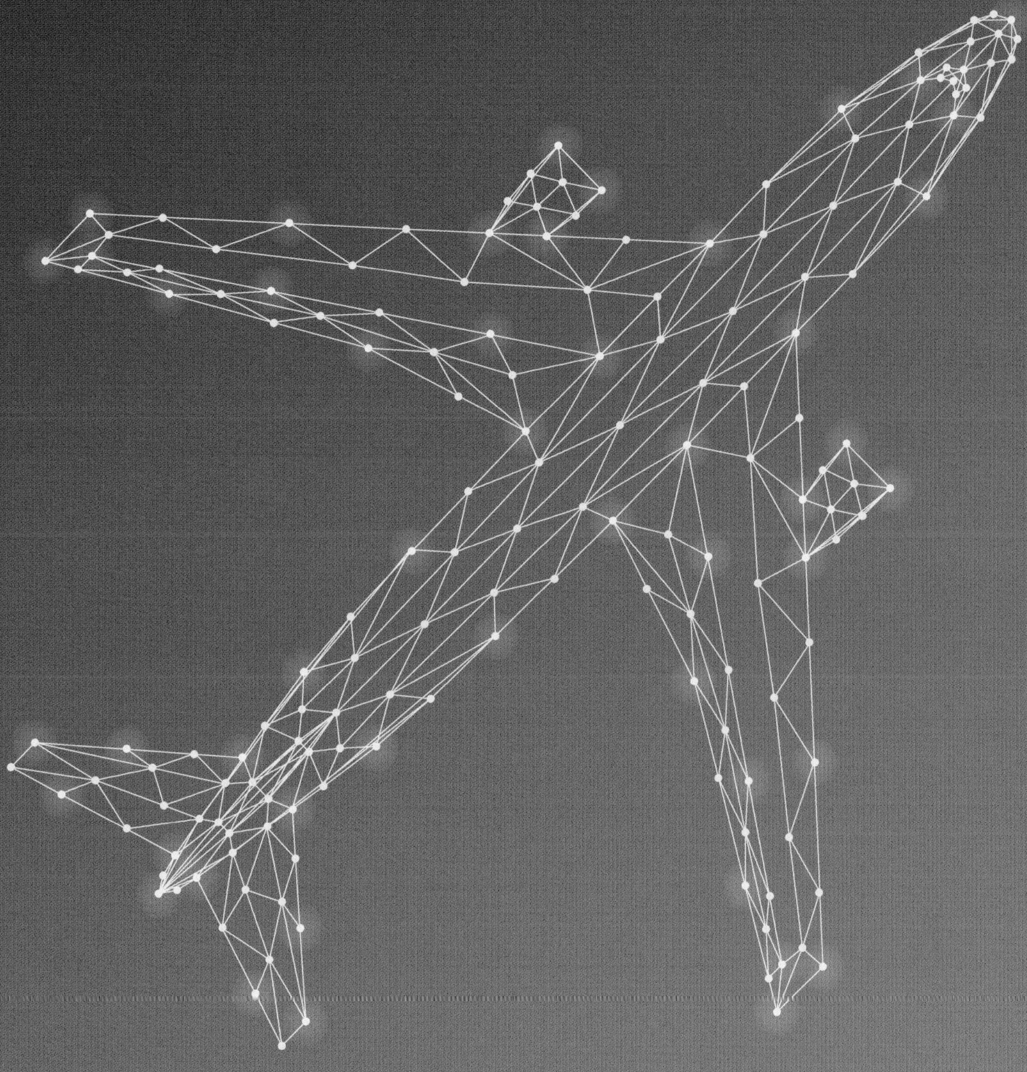

II

객실승무원의 임무와 책임

II 객실승무원의 임무와 책임

객실승무원의 직급별 구분과 명칭은 항공사마다 상이하다. 또한 항공사가 FSC(Full Service Carrier)인지 LCC(Low Cost Carrier)인지에 따라 직급의 구성이 다르다. 일반적으로 FSC 기준으로 항공사 객실승무원의 직급은 객실에서 최고상급자 순으로 객실사무장, 부사무장, 객실승무원으로 이루어져 있다. 직급에 따른 임무와 책임은 다음과 같다.

객실사무장

- 객실승무원들의 업무를 지휘 · 지도 · 관리하고 책임지는 직급으로 최고 상급 객실승무원이다.
- 국내 항공사에서는 객실사무장/캐빈매니저/선임 객실승무원이라는 명칭을 사용하고 외국 항공사에서는 Purser/Cabin manager/Cabin crew in charge 등의 명칭을 사용한다.
- 항공기 운항에 관한 총책임자는 기장이나, 객실사무장이 객실서비스, 승객 응대 등 객실운영 및 승객의 안락한 비행과 안전이 확보될 수 있도록 전반적인 객실 정책 여부를 확인하여야 한다.

부사무장

- 객실사무장이 어떠한 이유로 책임과 의무를 수행하지 못할 때 부사무장이 그 권한을 대행한다.
- 객실사무장의 업무를 보좌하고 객실승무원들의 업무를 지휘한다.

객실승무원

- 기내안전 업무를 수행하고 항공기 비상탈출 진행을 수행할 책임이 있다.
- 비행업무 시작 전에 객실브리핑에 참석한다.
- 객실에 비치된 비상장비를 점검한다.
- 비행 전 안전점검과 보안점검을 실시한다.
- 승객에게 안전에 관한 승객브리핑을 실시한다.
- 기내 수하물(수화물)의 탑재사항을 점검한다.
- 비행 안전에 관하여 기장의 지시업무를 수행한다.

객실승무원은 기내에서 승객의 안전과 서비스에 관한 여러 가지 책임과 임무가 있다. 업무의 중요도에 따라 수행해야 하는 우선순위가 있다.

객실승무원의 업무 우선순위

1) 비상탈출(Emergency Evacuation)
2) 안전업무 및 보안(Flight safety and security)
3) 승객지원(Assist passengers)
4) 기내서비스(In-flight service)

객실승무원의 담당업무

안전의 측면에서, 업무 중에 객실승무원들은 항상 정신적, 신체적으로 올바르게 수행할 수 있는 준비가 되어 있어야 한다. 객실승무원들은 업무를 수행함에 있어 업무체계(chain of commander)에서 최고 명령자인 기장의 지시를 따라야 한다.

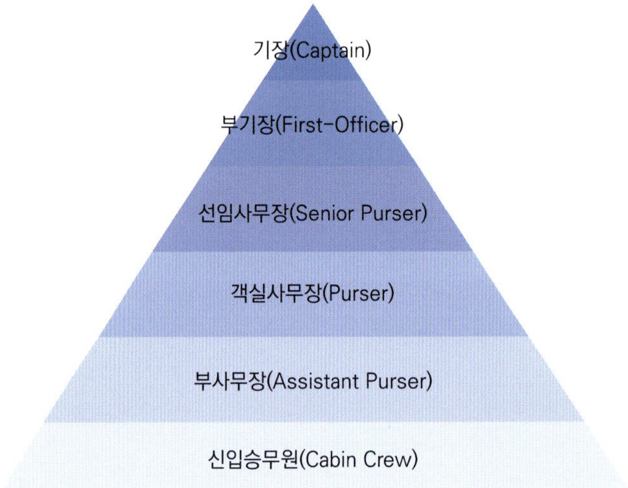

항공사 승무원의 명령체계도

객실승무원의 수

모든 항공기에는 상기 항공사의 초기훈련 이상의 훈련을 이수하고 승무원으로서의 자격을 취득한 객실승무원이, 승객이 기내에 탑승한 동안 최소 탑승 객실승무원 수 이상 탑승하여야 한다. 우리나라 항공안전법과 운항기술기준에 따라 그 수는 장착좌석 50석당 1명으로 지정되어 있다.

최소 탑승 객실승무원 수의 예

기종	승객 좌석 수	최소 객실승무원 수
B737-700(149석)	100석 이상~150석까지	3
A321-200(195석)	151석 이상~200석까지	4
B747-400(236석)	201석 이상~250석까지	5
A380-800(517석)	501석 이상~550석까지	11

승객이 탑승한 항공기가 지상에 주기하고 있고 승객이 탑승하고 있을 때, 최소 객실승무원의 수는 최소 해당편 운항에 필요한 인원의 절반이나, 최소 1명 이상이어야 한다.

Flight Safety Manual Based On AI-VR Simulation

III

항공운항의 개요

III 항공운항의 개요

항공운항 단계

비행기는 본격적으로 이륙하기 전에 비행기의 자력으로 유도로주행(taxi, 지상활주)을 하여 활주로로 이동하여 이륙을 준비한다. 비행기 운항은 다음의 11단계로 이루어져 있다.

① 운항준비단계(Pre-Flight)

비행기가 지상에서 운항을 준비하는 단계이다.

② 푸시백(Push-Back)

이륙준비단계로 지상에서 towing car로 비행기를 이동하는 towing작업을 하여 푸시백(Push-Back)을 실시한다.

③ 유도로주행(Taxi, 지상활주)

비행기가 Push-Back 후 이륙을 준비하기 위해 지상 이동하는 단계이다. 유도로주행하는 길을 유도로(Taxiway)라고 한다.

④ 이륙(Take-off)

비행기가 자력으로 지면을 벗어나서 공중으로 날아오르는 단계이다. 관제탑의 허가를 받아 활주로 끝까지 지상 유도의 활주를 한다.

⑤ **상승(Climb)**

비행기가 목표지점의 고도까지 상승 비행하는 단계이다.

⑥ **순항(Cruise)**

비행기가 순항고도에 도달하여 수평비행을 하는 단계로 운항단계 중 가장 긴 시간의 단계이다.

⑦ **하강(Descent)**

비행기가 순항고도에서 착륙하기 위해 진입하기 전까지의 단계이다. 보통 고도 10,000ft에 도달할 때까지의 비행단계를 의미한다.

⑧ **진입(Approach)**

비행기가 착륙을 시도하기 위해 활주로 고도 50ft 지점까지 운항하는 단계를 말한다. 기장은 목적지 공항에 착륙하기 위해 관제탑의 허가를 받아야 한다.

진입단계에서 Go Around(Missed Approach)가 일어나기도 한다.

⑨ **착륙(Landing)**

비행기가 활주로 끝을 통과하여 완전히 정지할 때까지의 단계이다.

⑩ **유도로주행(Taxi, 지상활주)**

비행기가 착륙 후 주기장으로 지상 이동하는 단계이다.

⑪ Post-Flight

비행기의 운항이 종료되고 도어가 개방된 후의 단계를 의미한다.

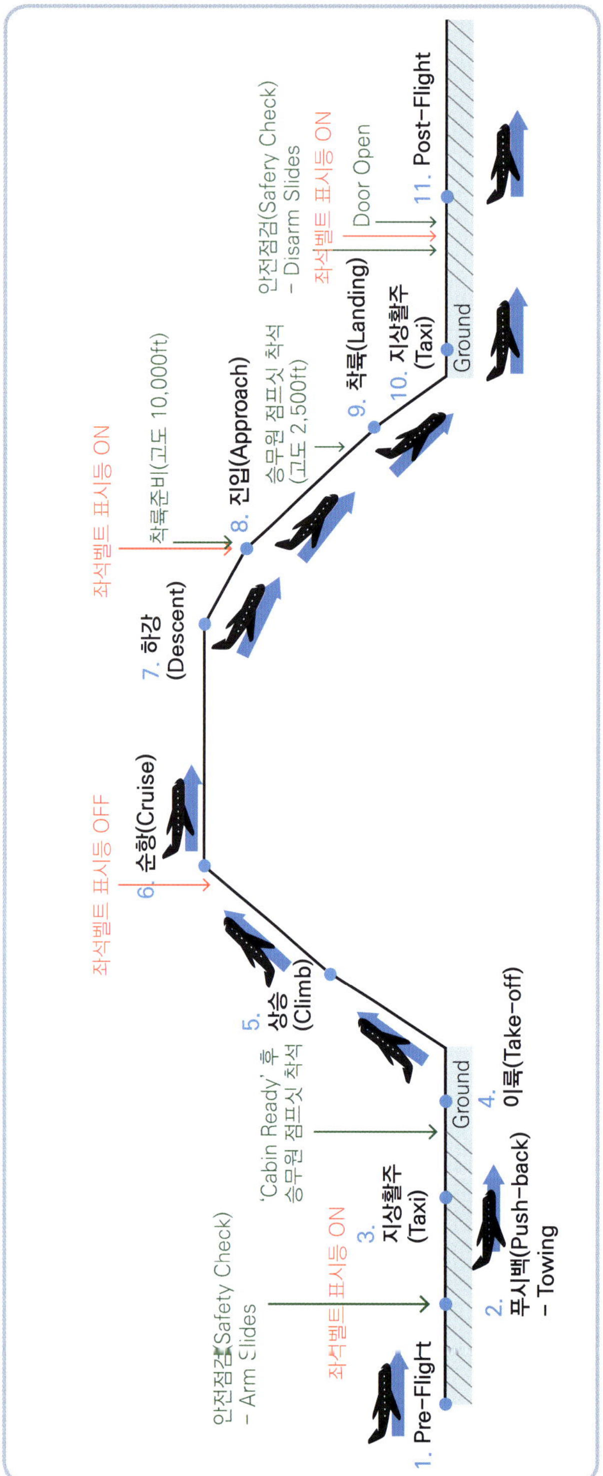

항공 운항단계별 기내안전지침

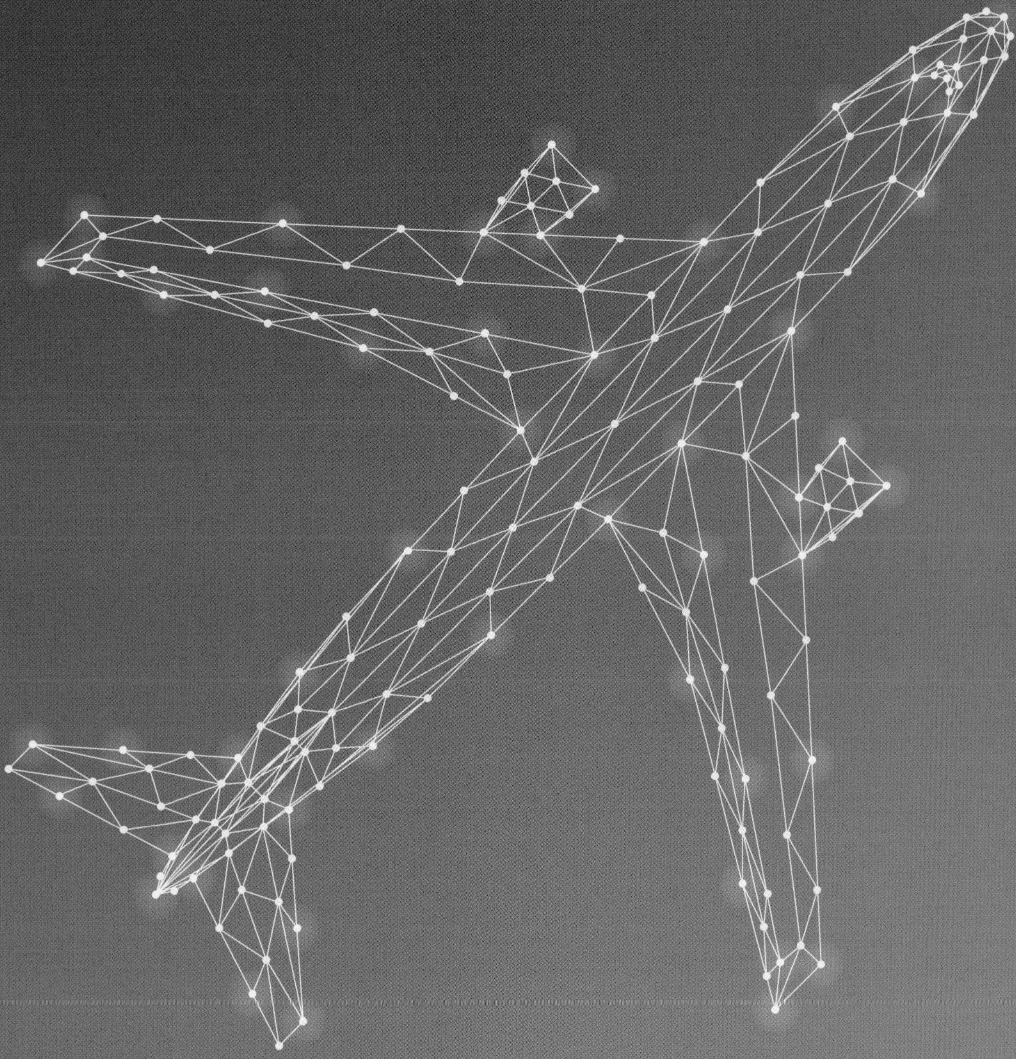

IV

객실승무원의 업무절차

IV 객실승무원의 업무절차

객실승무원 비행업무순서

1. 브리핑 전 사인 및 업무 개시
2. 객실브리핑(Cabin crew briefing)
3. 합동 브리핑(Joint briefing)
4. 비행기로 이동
5. 기내 안전점검(Safety check) 및 보안점검(Security check)
6. 기내설비 및 서류 점검
7. 갤리체크, 기내탑재, 기내설비 확인 후 서명
8. 기장보고
9. 승객 탑승
10. Safety demonstration 시연 또는 기내안전비디오(Safety video) 상영
11. 이륙 전 안전점검
12. 이륙
13. 이륙 후 안전점검
14. 착륙준비
15. 착륙
16. 승객 하기

17. 착륙 후 업무(Post-landing duty)–분실물 점검(Lost & Found Check)

18. 디브리핑(Debriefing)

1 비행 전 지상업무

1) 객실브리핑

일반적으로 본사에서 출발하는 비행편의 브리핑은 STD(Scheduled Time of Departure: 비행기 출발 예정시간) 약 1시간 45분 전에 브리핑실에서 실시된다. 해외 체류 시 브리핑은 상황에 따라 현지 공항이나 호텔에서 진행되며 STD 약 1시간 전에 실시된다.

브리핑(Briefing) 전 준비

객실 브리핑에 참석할 때는 완전한 근무 복장을 갖추고 필수 휴대품을 구비하고 참석해야 한다. 해당 비행편 브리핑 시트(Briefing Sheet/Voyage Report/Crew Assignment Movement List)의 내용을 참조하여 비행 정보와 노선에 관한 내용을 미리 확인해야 한다.

또한 회사 공지사항이나 안전 및 서비스에 관련되어 변경된 사항들이 있는지 확인하고 숙지해야 한다. 브리핑 시트에는 비행편명, Registration number, 날짜, STD(Scheduled Time of Departure), STA(Scheduled Time of Arrival), 노선, 비행시간, 승객 탑승시간, 게이트 번호, PAX Configuration, Total PAX Number, 운항승무원 이름, 객실승무원 이름 등의 내용이 포함되어 있다. 객실브리핑은 약 15~20분간 진행된다.

비행준비 점검

브리핑이 시작되면 인원 점검 및 인사를 하고 객실사무장 및 부사무장의 주도로 비행준비 점검이 이루어진다. 비행점검 사항에는 용모검사, 복장확인, 필수 휴대품 소지 여부 확인 등이 있다. 객실승무원의 필수 휴대품은 여권(여권의 유효기간 확인), 비자(필요시), 승무원 ID카드, 객실안전교범, 예방접종확인서(필요시) 등이 있다. 최근에는 객실안전교범을 비행기에 탑재하여 객실승무원들의 휴대가 의무사항이 아닌 항공사가 많아지는 추세이다.

비행 · 노선 · 서비스 정보 공유 및 업무배정

브리핑 시트를 바탕으로 객실승무원들과 해당 비행편명, 노선 및 서비스 정보, STD, STA, 노선, 승객 예약상황, 기내 서비스 절차, 고객사항, 특별사항 등의 정보를 공유한다.

객실 안전 및 보안 정보 공유

객실사무장은 해당 비행기 기종, 안전장비, 보안점검사항 등에 관하여 객실승무원들과 정보를 공유하고 안전과 보안의 중요성에 관해 상기시킨다.

비행 관련 질의 응답(Safety question)

일반 비행안전, 비상절차, 해당 비행기종, 보안, 응급의료(First-Aid) 등에 관한 토의를 하거나 질의 응답을 실시한다. 질의 응답은 개별 또는 그룹별 질문으로 진행된다. 객실승무원은 질문에 만족스러운 대답을 해야만 해당 비행업무를 수행할 자격을 갖는다.

2) 합동 브리핑(Joint briefing)

객실승무원 브리핑이 종료되면 운항 승무원과의 합동 브리핑이 이루어진다. 합동 브리핑은 기장의 주도로 진행되며 비행고도, 날씨, 기체 흔들림 정도 등 비행 운항에 관한 정보를 포함하여 조종실 출입절차, 비상 탈출절차와 같은 안전 · 보안 관련 정보와 화물(Cargo), 승객 현황과 같은 일반 운송정보에 관한 정보를 공유한다. 합동 브리핑이 끝나면 승무원들은 비행기 탑승을 위해 지정된 게이트로 이동한다.

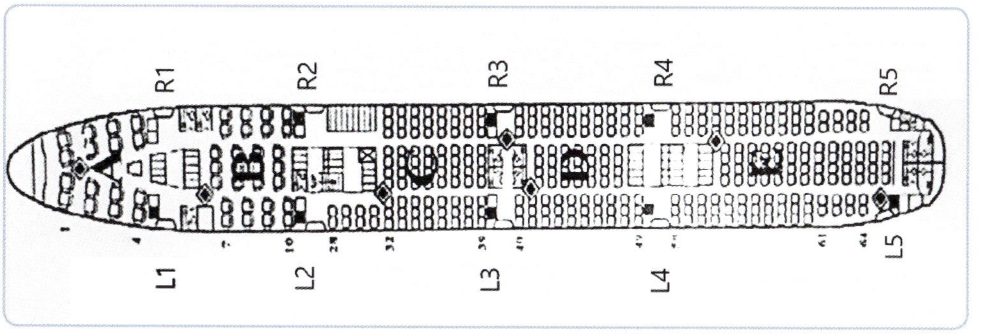

객실 도해도(AIRCRAFT LAYOUT)

2 승객 탑승 전 업무

1) 승무원 짐 보관

비행기 탑승 후 승무원의 휴대 수화물을 각자의 업무구역에 있는 머리 위 선반(overhead bin)에 보관한다.

이때 승무원의 휴대 수화물은 기내 안전장비의 이용에 방해가 되지 않는 위치에 승객의 안전과 편의를 고려하여 보관해야 한다. 비행 중 혹시 모를 도난을 방지하기 위해 개인 자물쇠나 잠금장치를 이용하여 휴대 수화물의 보안을 유지한다.

2) 기내 안전 및 보안 점검(safety and security check)

안전한 비행을 위해 기내 안전 및 보안 점검을 수행하는 일은 객실승무원의 중요한 임무이다. 기내에는 비상상황이 발생할 것에 대비해 각종 객실 안전장비들과 응급 의료기구가 비치되어 있다. 객실승무원은 비행기에 탑승한 후 각자의 업무구역(assigned position/duty zone)에 따라 비상 안전 및 보안 장비(emergency/security equipment)에 대해 비행 전 안전점검(Pre-Flight Check)을 실시해야 한다. 비행 전 안전점검(Pre-Flight Check)은 비행기에 탑승한 승객의 안전한 모든 비행에서 반드시 실시하고 check list에 따라 면밀히 수행해야 한다. 비행 전 안전점검(Pre-Flight Check)이 끝나면 객실사무장이 인터폰의 전체호출(all attendant call) 기능을 이용하여 일괄적으로 확인한다.

3) PA(기내방송) 점검

객실승무원은 각자 업무구역 인터폰의 기능과 성능을 확인한다. 다른 스테이션으로 인터폰을 걸어 인터폰 작동여부를 점검하고 PA Test를 실시한다. 이때 기내방송 음량, 음향 질, 노이즈 등을 확인하고 기내 모든 구역에서 방송이 원활하게 들리는지 다른 객실승무원들과 상호 확인하여 점검한다.

4) 시스템 점검

객실사무장은 cabin logbook을 확인하고 FAP(Forward Attendant Panel)를 이용하여 시스템을 점검한다. 또한 emergency light test를 시행하고 기내안전비디오(safety video) 상영상태를 확인한다.

5) 기장보고 및 승객 탑승 준비

객실사무장은 비행 전 안전점검(Pre-Flight Check) 완료사항을 기장에게 보고한다. 지상직원에게 승객 탑승 준비가 되었다는 전달을 받으면 기장에게 탑승준비가 완료되었다는 보고를 한다. 기장이 탑승 승인(boarding clearance)을 하면 객실사무장은 지상직원과 객실승무원에게 탑승이 시작됨을 알린다. 이 시점부터 조종실의 문이 시건(closed and locked)된다. 객실승무원은 각자의 탑승위치(boarding position)에 위치하여 승객 맞을 준비를 한다.

기내 안전장비 사용법과 비행 전 안전점검(Pre-Flight Check)

구명복(Life Vest)

<table>
<tr><td>사용목적</td><td>수중 비상착륙(Ditching) 시 몸이 물에 가라앉지 않게 하기 위해 착용한다.</td></tr>
<tr><td>사용법</td><td>성인 착용법
• 구명복을 머리 위(neck–opening)에서부터 입는다.
• 끈을 허리에 돌려 고리에 끼운 후 손잡이를 잡아당겨 몸에 맞게 조여준다.
• 부풀릴 때는 붉은색 손잡이(red inflation handle)를 아래방향으로 잡아당긴다.
• 충분히 부풀지 않을 때는 양쪽에 있는 고무관을 힘껏 분다.
• 구명복이 물에 닿으면 조명등에 자동으로 불이 들어온다.
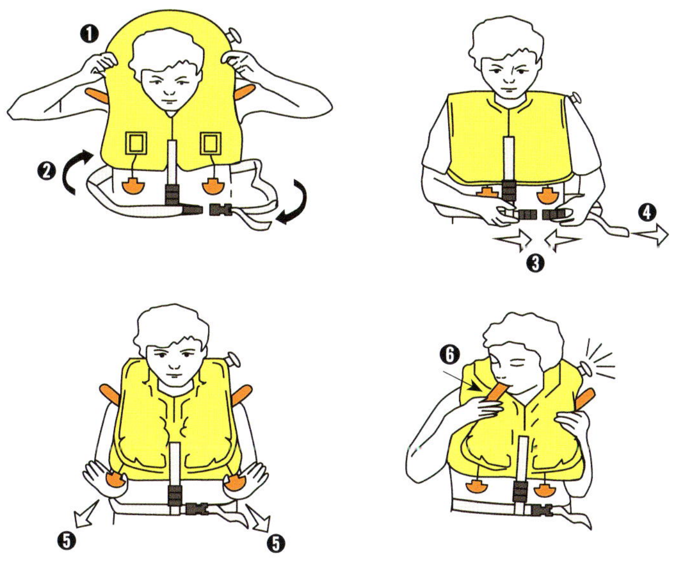
</td></tr>
</table>

	어린이 착용법 • 구명복을 머리 위(neck–opening)에서부터 입는다. • 끈을 등 뒤 또는 각각의 다리에 돌려 고리에 끼운 후 손잡이를 잡아당겨 몸에 맞게 조여준다. 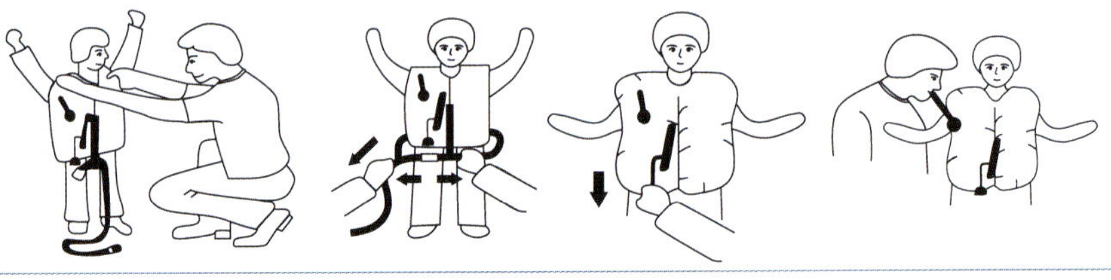
NOTE	• 구명복의 바람을 뺄 때는 고무관 입구를 손가락 끝으로 지그시 눌러준다. • 만 6세 이상의 어린이는 성인 구명조끼를 착용한다.
PFC	• 보관상태

유아용 구명복(Infant Life Vest)

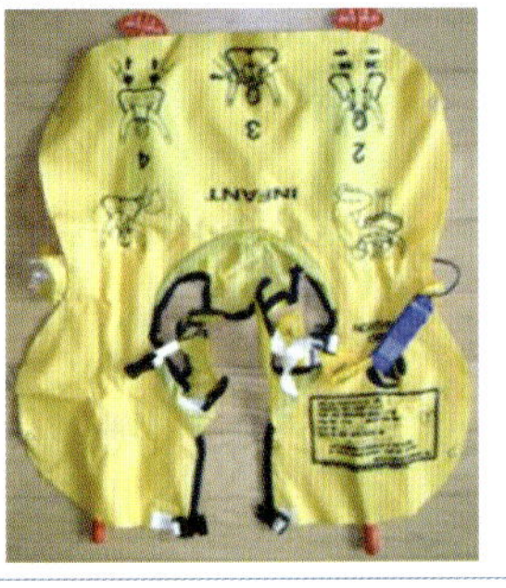

사용목적	유아의 수중 비상착륙(Ditching) 시 몸이 물에 가라앉지 않게 하기 위해 착용한다.
사용법	Hoover Type • 바지를 입듯이 구명복을 입는다. • 앞쪽에서 고리에 끼운 후 손잡이를 잡아당겨 몸에 맞게 조여준다. • 부풀릴 때는 등에 있는 붉은색 손잡이(red inflation handle)를 아래방향으로 잡아당긴다. • 충분히 부풀지 않을 때는 고무관을 힘껏 분다. • 구명복이 물에 닿으면 조명등에 자동으로 불이 들어온다.  ❶ ❷ ❸

	Air Cruisers(Aerazur-Zodiac) Type • Bag 구멍에 손가락을 집어넣고 ** 표시가 되어 있는 부분을 잡아당겨 구명복을 꺼낸다. • 구명복 입구에 유아의 팔을 넣어 입힌다. • 뒤에 있는 끈을 감아 고리에 끼워 몸에 맞게 조절한다. • 부풀릴 때는 붉은색 손잡이(red inflation handle)를 아래방향으로 잡아당긴다. • 충분히 부풀지 않을 때는 고무관을 힘껏 분다. • 구명복에 장착된 안전끈을 보호자의 구명복에 묶어 유아와 떨어지지 않게 한다.
NOTE	• 구명복의 바람을 뺄 때는 고무관 입구를 손가락 끝으로 지그시 눌러준다. • 유아용 구명복은 비상상황에 대비하여 준비하는 시점에서 탈출 전에 비행기 안에서 부풀린다. • 유아용 구명복이 충분하지 않을 경우에는 성인용 구명복을 사용한다. 이때 구명복의 한쪽만 부풀린다.
PFC	• 보관상태

휴대용 산소통(PO2 Bottle-Potable Oxygen Bottle)

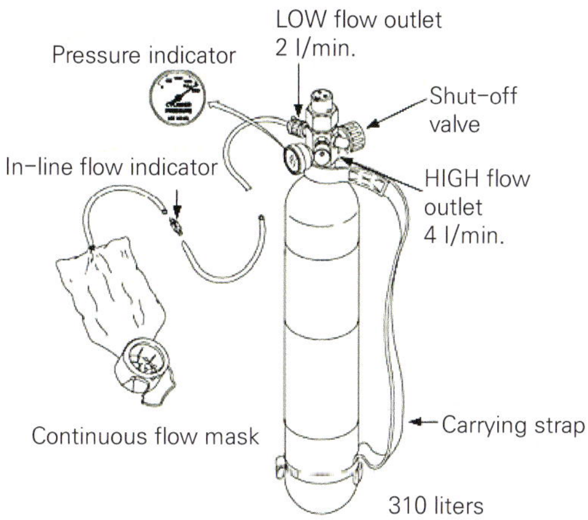

휴대용 산소통의 기능별 명칭

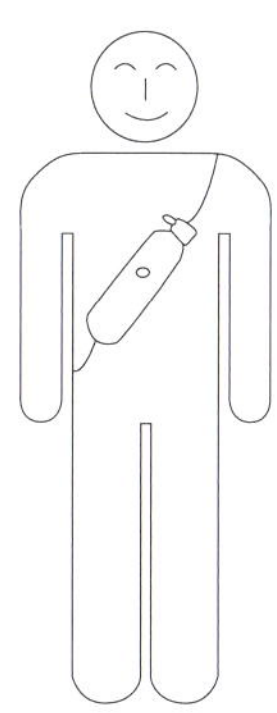

이동 시 휴대용 산소통 착용법

사용목적	의료용 목적으로 환자에게 산소를 공급하기 위해 사용한다. 상황에 따라 적절한 아울렛을 선택하여 사용한다. • LOW: (2 liter/min): 기내 응급처치 목적 • HIGH: (4 liter/min): 객실승무원이 청색증 환자를 돕기 위해 휴대하는 목적
사용법	• 머리와 한 팔을 휴대용 산소통에 넣어 대각선 모양으로 멘다. • 산소 마스크를 아울렛에 연결한다. • Shut-Off Valve를 완전히 돌린다. • Flow Indicator가 녹색으로 변했는지 확인한다. • 머리와 코 위에 마스크를 착용한다. • 사용 후 Shut-Off Valve를 잠그고 플러그를 분리한다.

NOTE	• 휴대용 산소통은 완전히 사용하지 않고 최소 500 PSI를 남겨둔다. 그 이유는 감압발생에 대비하여 비상용으로 사용하기 위한 것과 휴대용 산소통의 산소를 완전히 사용할 경우 산소통이 부식되어 리필(refill)이 불가능할 수 있기 때문이다. • 기름, 그리스(grease)와 접촉하지 않게 주의한다. • 화기를 접촉하지 않도록 한다. • 떨어뜨리지 않도록 주의한다.
PFC	• 휴대용 산소통의 압력이 최소 1,500PSI여야 함 • 마스크 튜브 연결 및 보관 상태

PBE(Protective Breathing Equipment)

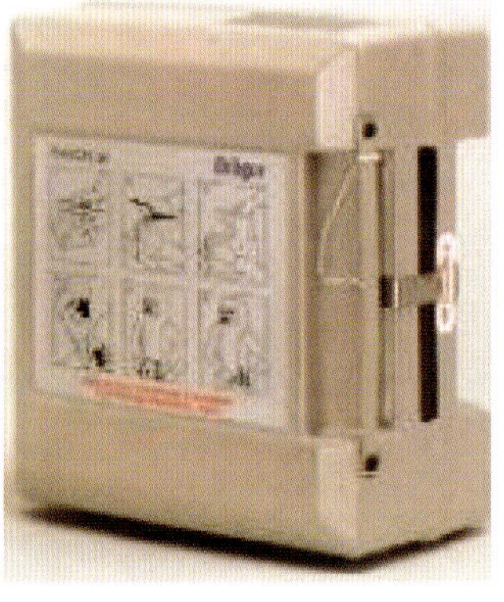

사용목적	방염소재로 만들어져 화재 연기 및 유독성 가스로부터 안면 및 호흡을 보호하고 시야를 확보하기 위해 사용한다.
사용법	• 보관용 케이스의 잠금장치(locking clamp)를 해제하여 개봉한다. • 붉은색 끈(red strap)을 당겨 진공포장을 연다. • 접힌 상태로 진공 보관된 PBE를 꺼내 흔들어 펼친다. • PBE 안으로 양 손바닥을 마주보게 하여 넣고 고무밴드를 넓힌 채로 머리를 숙여 머리 뒤부터 착용한다. 빠져나온 머리카락은 PBE 안으로 완전히 넣어 정돈한다. • 마스크가 코와 입을 덮도록 위치를 조절한다. • 작동끈(starter lanyard)을 아래방향으로 잡아당겨 산소공급을 시작한다. • 허리끈을 허리 주위에 둘러 묶고 평상시처럼 호흡한다.

	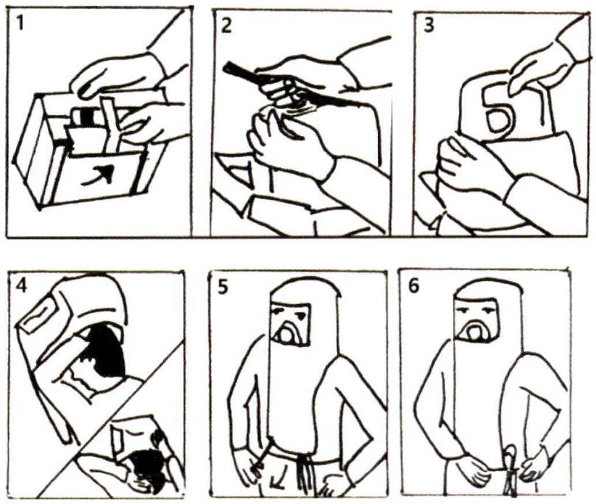
NOTE	• 최소 객실승무원의 수만큼 탑재되어 있어야 한다. • 위험물질(Dangerous Good)에 의한 연기 발생에도 사용한다. • 사용자가 얼마나 깊고 빠르게 호흡하는지에 따라 달라지나 일반적으로 사용시간은 15~20분이다. • 착용상태로 대화가 가능하며 인터폰을 사용할 수 있다. • PBE 작동 시에는 귀가 '뻥' 하고 울리며 순간적인 이명현상이나 두통이 발생할 수 있다. • 착용 후 작동되지 않을 때에는 목 주변(neck seal) 사이에 손가락 두 개를 집어넣고 깊게 심호흡을 한다. 심호흡 시도 후에도 산소공급이 되지 않으면 PBE 불량으로 간주하여 새로운 PBE를 착용한다. • 사용 중 호흡이 어려워지는 것은 사용시간이 임박했다는 신호이다. • PBE 유효시간이 초과되면 내부온도가 상승되므로 신속히 벗어야 한다. • 사용이 끝난 PBE는 빈 케이터링 컨테이너에 넣어 기내 후미에 위치한 화장실에 보관한다. • 화장실을 잠금상태로 전환하고 정기적으로 화장실을 모니터링한다.
PFC	• 알맞은 개수와 보관상태 • ID tag • PBE 안에 있는 Yellow Serviceability Indicator가 보여야 한다. • PBE의 잠금 표시기(temper indicator)가 파손되지 않은 양호한 상태

H_2O 소화기(Water Fire Extinguisher)

사용목적	종이나 의류 등과 같은 고체화재(Class A)에서 발생한 화재를 진압하기 위해 사용한다.
사용법	• 손잡이 핸들을 오른쪽 방향으로 끝까지 돌린다. 손잡이 핸들이 완전히 돌아가면 이산화탄소통에 구멍이 생기면서 소화기 작동이 준비된다. • 소화기를 수직으로 세운다. • 노즐이 불꽃 아래를 향하도록 한다. • 한 손은 소화기의 아랫부분을 받치고 다른 한 손으로 손잡이 핸들을 쥐고 레버(lever)를 엄지 손가락으로 눌러 분사한다. • 빗자루로 쓸듯이 양쪽 방향으로 움직이며 분사한다.
NOTE	• 일반적으로 객실에 구비된 H_2O 소화기는 파란색, 초록색 또는 회색으로 되어 있다. • 오븐이나 조종실 화재와 같은 전기 화재는 합선이나 감전사의 위험이 잠재되어 있으므로 사용하지 않는다. • 기름(grease)으로 인한 화재에 사용하면 기름이 물 위에 떠다니며 불을 퍼뜨릴 수 있으므로 사용하지 않는다. • 가연성 액체(flammable liquid)로 인한 화재에는 사용하지 않는다. • 위험물질(Dangerous Good) 화재에 사용하면 연기가 심해지고, 이로 인해 독성물질이 퍼질 수 있으므로 사용하지 않는다. • 소화액에 부동액(anti-freeze)이 섞여 있으므로 절대 마시지 않는다. • 사용시간은 약 30~40초이다.
PFC	• Seal의 장착상태

Halon 소화기

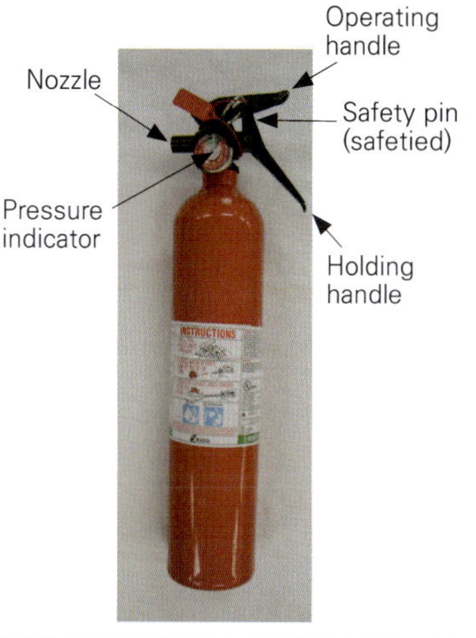

사용목적	위험물질(Dangerous Good)을 포함한 모든 종류의 화재(고체화재: Class A, 기름화재: Class B, 전기화재: Class C)를 진압할 때 사용한다.
사용법	• 소화기는 항상 세워서 들고 손잡이의 Seal과 안전핀을 제거한다(Pull the Safety Pin). • 소화기 화재로부터 1.2~1.8m 거리에서 불꽃의 아랫부분을 향해 조준한다(Aim at Base of Fire). • 한 손은 소화기의 아랫부분을 받치고 다른 한 손으로 손잡이 핸들을 잡고 레버(lever)를 엄지손가락으로 눌러 분사한다(Squeeze the handle). • 소화기를 양쪽 방향으로 빗자루로 쓸듯이 움직이며 분사한다(Sweep from Side to Side). * PASS 법칙(PULL – AIM – SQUEEZE – SWEEP)
NOTE	• 객실에 구비된 Halon 소화기는 일반적으로 붉은색이다.
PFC	• 압력 게이지의 바늘이 녹색 Zone 안에 있어야 함 • 안전핀(safety pin)이 핸들과 레버(lever) 사이를 관통하여 끼워져 있어야 함 • Seal의 장착상태

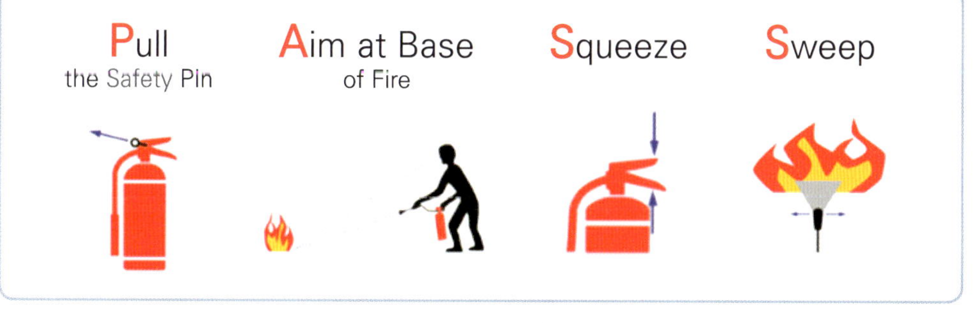

Halon 소화기 사용법 'PASS'

Lavatory 소화기(Lavatory Automatic Fire Extinguisher)

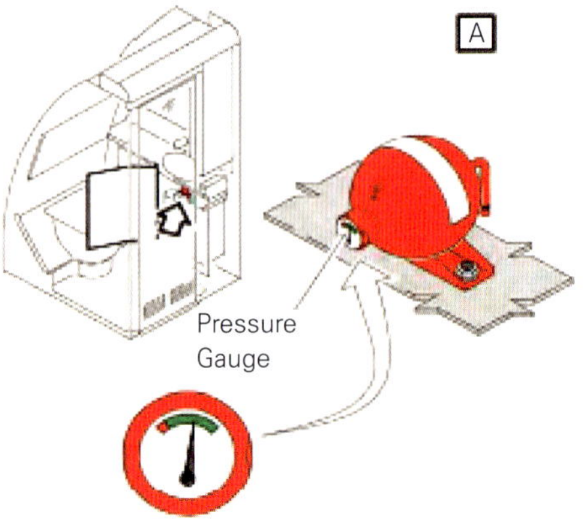

사용목적	화장실 화재를 자동으로 진화하기 위해 화장실 내부 휴지통 상단에 설치되어 있다.
사용법	• 두 개의 노즐이 휴지통 안을 향하고 있어 휴지통의 내부온도가 섭씨 80도 이상이 되면 소화기(automatic fire extinguisher)가 자동으로 소화액을 분사한다.
NOTE	• 소화기가 제대로 작동되기 위해서는 휴지통 뚜껑이 제대로 닫혀 있어야 한다.
PFC	• 압력 게이지의 바늘이 녹색 zone 안에 있어야 한다. • 휴지통의 뚜껑이 완전히 닫혀 있어야 한다.

방화장갑(Asbestos Gloves/Fire Protective Gloves)

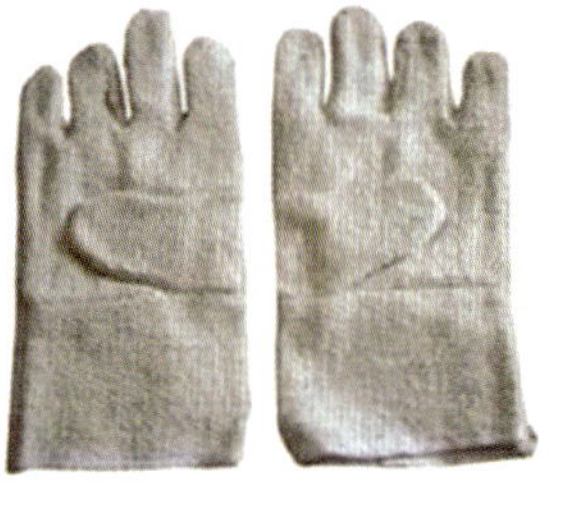

사용목적	• 방염소재로 되어 있어 화재가 발생하였을 때 화상으로부터 손을 보호해 준다. • 비상시 화재를 진압할 때 뜨거운 물체를 집어야 하는 경우에 사용한다.
사용법	• 맨손으로 장갑을 착용한다.
NOTE	• 갤리에서 오븐 사용 시 장갑의 용도로 사용하지 않는다.
PFC	• 알맞은 개수(1쌍)와 보관상태

확성기(Megaphone)

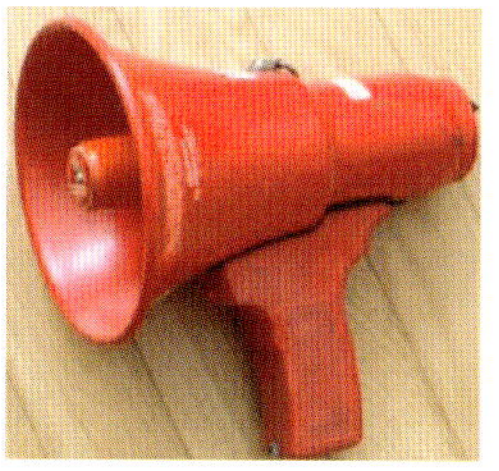

사용목적	• PA 시스템이 작동하지 않을 경우 사용한다. • 비상상황에서 승객 탈출을 지휘하기 위해 사용한다. • 비상 탈출 후(post evacuation) 야외에서 승객들을 집결시키거나 지시사항을 전달하기 위한 목적으로 사용한다.
사용법	• 확성기를 입에 가까이 가져간다 • 손잡이에 장착되어 있는 PTT(Push To Talk) 버튼을 누른 상태에서 사용한다. • 정확한 발음으로 천천히 말한다. • 확성기를 측면에서 사용하지 않는다.
NOTE	• 국내에서는 비행기에 승객 좌석이 100석 이상 199석 이하일 경우 확성기 2개, 200석 이상일 경우 3개를 탑재하도록 규정하고 있다.
PFC	• 알맞은 개수와 보관상태 • PTT(Push To Talk) 버튼을 눌렀을 때 딸깍 소리가 난다.

휴대용 손전등(Flash Light)

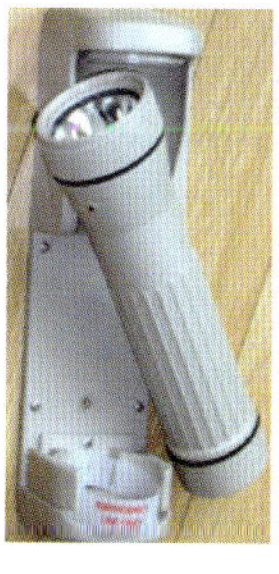

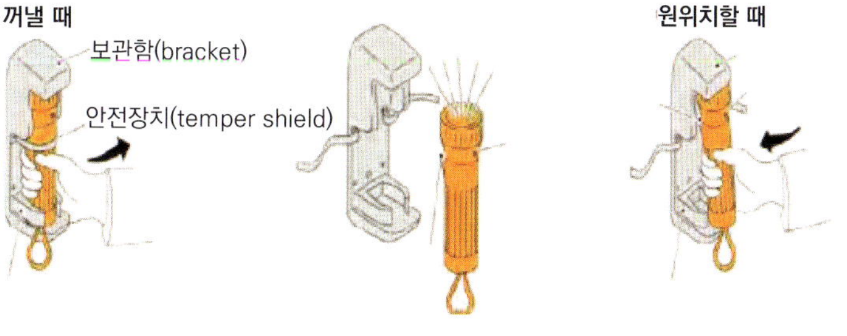

사용목적	• 비상상황에서 승객을 비상구로 유도하고 야간에 시야를 확보하는 데 사용한다.
사용법	• 휴대용 손전등(flash light)의 몸통을 잡고 힘껏 당겨 보관함(bracket)에서 분리한다. 안전장치(tamper shield)가 분리되면서 휴대용 손전등(flash light)에 자동으로 조명이 들어온다.
NOTE	• 모든 점프싯의 측면 또는 하단에 장착되어 있다. • 사용시간은 약 4시간이다. • 사용이 끝나면 보관함(bracket)의 제자리에 넣어 보관한다.
PFC	• 휴대용 손전등(flash light) 상단부분에서 붉은색 빛이 1~2초에 한번씩 깜박거린다.

ELT(Emergency Locator Transmitter)

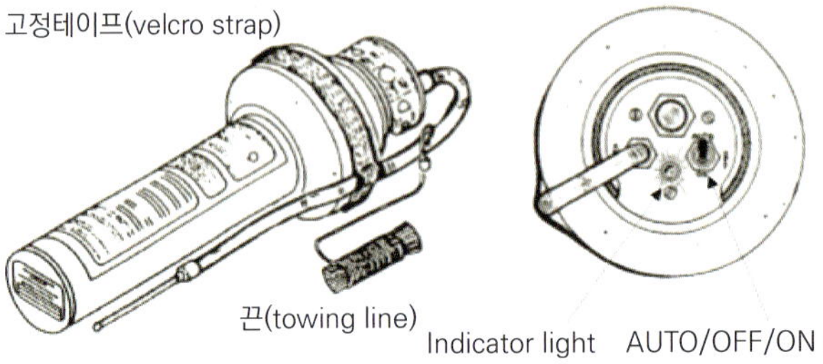

사용목적	• 조난 시 위치를 알리기 위한 장치로 구조요청 전파를 발신한다.
사용법	**육상(Operation on land)** • ELT를 보관함(bracket)에서 분리한 후 'PULL STRAP'을 풀고 핸들을 잡아당긴다. • ELT를 주변에 장애물이 없는 높은 언덕이나 나무 위로 이동시킨다. • 고정 테이프를 뜯으면 안테나가 자동으로 세워진다. • ELT의 끈(lanyard)을 풀고 비닐봉지를 준비한다. • 비닐봉지에 염류가 녹아 있는 물(mixed salt solution)을 비닐봉지에 3/4 정도 채우고 ELT를 담근다. ELT 하단에 있는 구멍 2개를 물에 완전히 잠기게 하고 수직으로 세운다. • 스위치를 'ON'의 상태로 이동한다. **바다(Operation on sea)** • ELT에 연결된 끈(lanyard)를 풀어 슬라이드에 단단히 고정시킨다. • ELT를 바다에 던진다. ELT가 물과 접촉하면 고정테이프가 용해되어 자동으로 안테나가 세워지고 물 접촉 5초 후에 작동이 시작된다.
NOTE	• RESCUE 406은 위성 주파수 406.025MHZ로 신호를 전송한다. • 스위치는 AUTO/OFF/ON으로 되어 있다. • ELT가 정상적으로 작동을 시작하면 '삐' 소리(Beeping sound)가 난다. • ELT는 소금용액에서는 5초, 담수에서는 5분 후에 작동이 시작된다.
PFC	• 정위치 확인 • 스위치가 'AUTO'에 상태에 위치

Extension Seatbelt

사용목적	• 일반 좌석벨트가 몸에 맞지 않는 승객을 위해 길이가 연장된 좌석벨트를 제공한다.
사용법	• 기존 좌석벨트 버클(buckle)에 extension seatbelt의 고리를 삽입하여 채운 후 몸에 맞게 조절한다.
NOTE	• 승객 탑승(boarding) 단계에 제공하고 사용법을 설명한다 • 승객 하기 후 회수한다.
PFC	• 알맞은 개수와 상태

타이랩(Tie-Wrap)

사용목적	• 비행기 운항 중 발생할 수 있는 불법 방해행위를 저지하기 위해 사용한다.
사용법	• 양손을 등 위로 위치시킨 다음 타이랩(tie-wrap)의 한쪽 면으로 손목을 감싼 후 구멍에 끝을 끼워 잡아당긴다. 다른 쪽 타이랩(tie-wrap)도 똑같이 사용한다.
NOTE	• 승객 또는 승무원에게 위협적인 불법행위를 하는 승객에게 사용한다. • 수갑과 같은 용도로 사용한다. • 너무 강하게 타이랩(tie-wrap)의 끝을 당기면 통증이 발생할 수 있으니 주의한다. • 풀 때는 타이랩(tie-wrap)을 가위로 자른다. • 비상상황 발생 시 기내준비 단계에서 타이랩(tie-wrap)을 풀어준다.
PFC	• 알맞은 개수와 상태

손도끼(Crash Axe)

사용목적	• 접근이 불가능한 객실 내부에서 화재가 발생했을 경우, 화재 진압에 방해가 되는 장애물을 제거하기 위한 목적으로 사용한다.
사용법	• 손도끼 핸들을 잡는다.
NOTE	• 비행기에 손상을 줄 수 있으므로 반드시 기장과 합의한 후에 사용한다. • 안전 규정상 조종실 내에 탑재되어 있다.
PFC	• 정위치와 상태

Flight Safety Manual Based On AI-VR Simulation

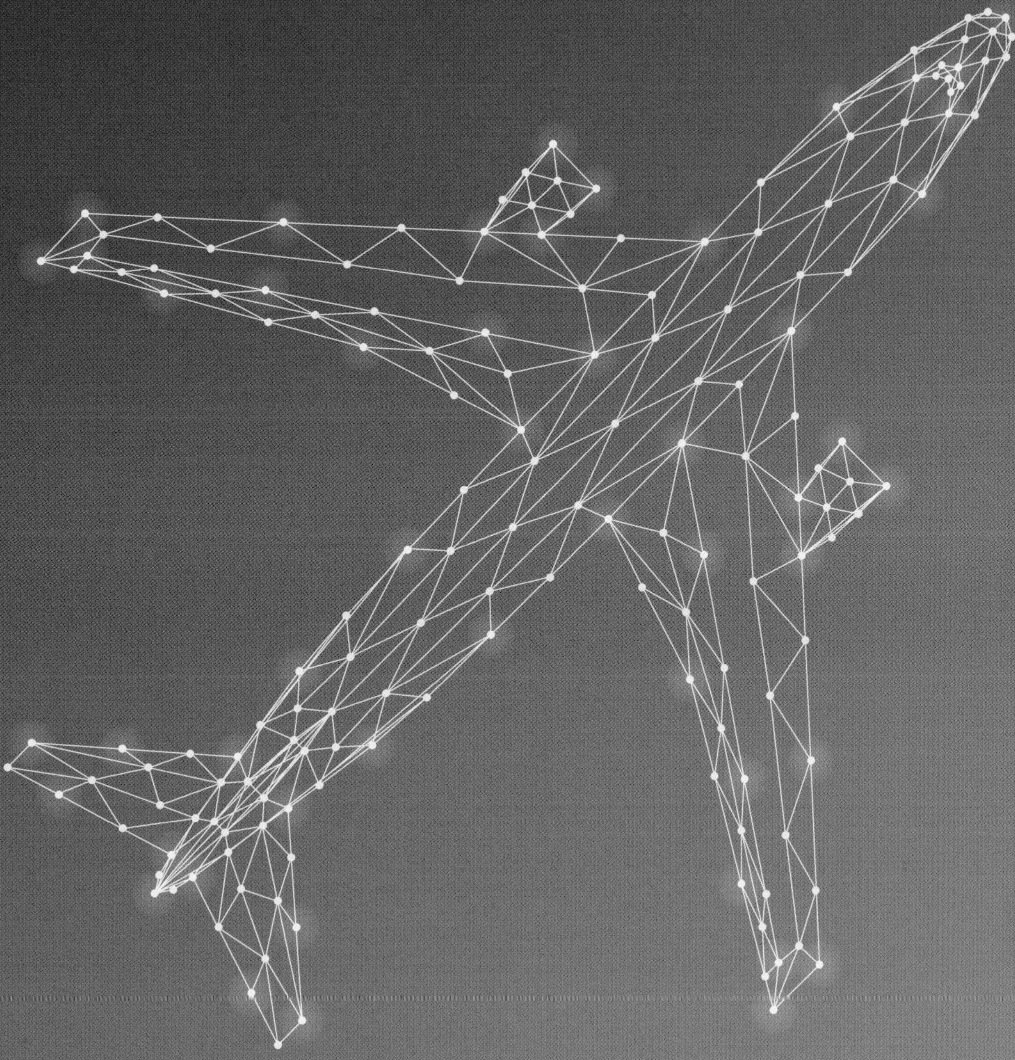

V

승객 탑승절차

V 승객 탑승절차(PASSENGER BOARDING)

1 기내(Cabin)

1) 승객 탑승

승객 탑승은 STD 약 20~30분 전에 시작된다. 승객 탑승이 시작되면 객실사무장은 기내방송으로 객실승무원들에게 승객 탑승을 알린다. "Passengers are boarding, crew to boarding position."

2) 승객 관찰(Passenger monitoring)

객실승무원은 각자 정해진 탑승위치(boarding position)에서 승객을 맞이한다. 의심스러운 행동을 하는 승객, 의심 가는 수화물을 가지고 탑승하는 승객, 병색이 있는 승객, 임신한 승객 등이 있는지 관찰한다.

3) 탑승 거절이 가능한 승객

- 술에 만취하거나 약물에 의한 영향이 있어 보이는 승객
- 전염병을 앓고 있는 승객
- 정신적으로 불안하여 다른 사람들을 위험에 빠뜨릴 소지가 있는 승객
- 다른 사람들에게 불쾌감을 줄 소지가 있는 승객
- 폭력성이 있어 다른 사람을 위험에 빠뜨릴 소지가 있는 승객

4) 비상구열 좌석 승객 안전 브리핑

비상구열 좌석이란 통로를 거치거나 장애물을 우회하지 않고 비상구로 직접 접근이 가능한 승객 좌석을 의미한다.

비상구열 좌석에 착석하는 승객은 비상상황에서 객실승무원을 도와 비상탈출 임무를 수행할 수 있는 자의 조건을 갖추어야 한다.

5) 비상구열 좌석승객의 자격요건

- 만 15세 이상
- 비상구를 조작할 수 있을 정도로 손과 발에 충분한 힘이 있는 승객
- 승객 안전 브리핑내용을 이해할 수 있는 승객
- 한국어 또는 영어로 의사소통이 가능한 승객
- 시력, 청력, 언어구사에 장애가 없는 승객

해당구역(zone)의 객실승무원은 승객이 비상구열 좌석에 착석할 조건에 부합하는지 확인하고 승객 안전브리핑을 실시하여야 한다. 승객 안전브리핑은 승객 탑승 단계에 실시되고 늦어도 유도로활주(taxi) 전까지 완료되어야 한다.

비상구열 좌석 규정에 따라 비상구열 좌석에 착석하기 적합하지 않은 조건의 승객이 탑승 후 본인이 임의로 비상구열 좌석으로 이동하면 안 된다. 객실승무원은 비상구열 좌석에 착석한 승객에게 안전 브리핑을 제공한다.

6) 비상구열 좌석에 착석할 수 있는 승객 우선순위

- 항공사 객실승무원
- 소방관
- 군인
- 경찰
- 항공사 직원

7) 비상구열 좌석에 착석할 수 없는 승객

다음 사항 중 하나라도 해당하는 승객은 비상구열 좌석에 착석할 수 없다.

- 객실승무원의 지시를 듣지 못하거나, 이해하지 못하거나, 따르지 못하는 승객
- PRM(Persons with Reduced Mobility): 신체적으로 불편하여 비상구 조작에 부적합한 승객
- 보호자 동반여부와 상관없이 만 15세 미만의 어린이 승객
- 승객 안전 지침서의 내용을 읽지 못하거나, 내용을 이해하지 못하는 승객
- 임신부
- 노약자
- 강제퇴거자(deportee) 또는 보호관리를 받는 승객
- 비상탈출 시 객실승무원을 도와 임무 수행하는 것을 원하지 않는 승객

8) 시각장애인 승객 안전 브리핑 사항

항공사에서 시각장애인 승객을 위한 점자 안내지침서(braille safety information card)가 제공되는 경우 시각장애인 승객이 착석하면 점자 안내지침서를 제공하고 내용에 관해 설명한다. 시각장애인 승객(visually impaired passenger)에게 다음의 사항에 관해 안전 브리핑을 제공한다.

시각장애인 승객 브리핑 사항

- 승객이 착석한 좌석 위치
- 구명복 위치
- Attendant Call Button(비상벨)의 위치

9) UM(Unaccompanied Minor): 비동반 소아

UM은 성인 보호자의 동반 없이 혼자 여행하는 미성년의 승객을 의미한다. 일반적으로 국내 FSC(Full Service Carrier)에서 만 5세 이상 만 13세 미만인 경우에 UM 서비스를 요청할 수 있다.

객실사무장은 객실브리핑에서 UM 탑승여부와 좌석번호를 객실승무원들과 공유한다. UM 탑승은 일반승객의 탑승이 시작되기 전에 지상직원의 보호하에 객실사무장에게 UM의 관련서류와 함께 인계된다. 비행 중 관련서류는 객실사무장이 보관하고 하기할 때 UM을 담당하는 도착지 지상직원에게 직접 전달한다. UM은 일반승객들이 모두 하기한 후에 담당 지상직원이 인솔하여 하기한다.

UM 좌석이 배정된 업무구역(duty zone)을 담당하는 객실승무원이 이착륙 전에 UM의 좌석벨트 착용을 포함한 안전상태 준비를 돕는다. 또한 비상상황이 발생할 경우 UM의 대처상황을 확인하고 필요한 경우에는 주변 승객에게 도움을 주도록 요청한다. UM은 비상구열 좌석에는 착석할 수 없다.

10) 유아를 동반한 승객

Infant seatbelt를 제공하고 사용법에 대해 설명한다. 유아용 침대(baby bassinet/cradle)의 사용을 묻고 사용을 원할 경우 이륙 후 좌석벨트 표시등이 꺼진 후에 제공됨을 안내한다.

11) 미성년자를 동반하는 승객의 자격

- 최소 만 18세 이상
- 비행 중 미성년자를 보호하고 관리하는 데 전적인 책임을 질 의향이 있는 자
- 미성년자와 동일한 항공편, 같은 객실(class)의 좌석을 이용해야 하고 최종 목적지가 동일해야 한다.

12) 수화물 보관 및 정리

수화물은 규격과 내용물에 따라 머리 위 선반(overhead bin) 또는 앞좌석 밑에 보관해야 한다. 비행 중 기체 요동이 발생하는 경우, 짐이 떨어지거나 이동하여 승객 부상을 일으킬 수 있으므로 지정된 위치에 안전하게 보관하도록 안내한다.

부피가 큰 물건은 승객 이름과 좌석 번호를 기록한 태그(tag)를 부착하여 coat room에 보관한다.

객실승무원은 탑승 중 승객들이 수화물을 보관할 위치나 공간을 확보할 수 있도록 돕고 도움이 필요한 승객의 수화물을 보관하는 데 협조한다. 기내 휴대 수화물은 승객의 비상 탈출에 방해가 되지 않는 장소에 안전하게 보관해야 한다.

지갑, 핸드백, 코트, 우산, 책 등과 같은 개인 소지품이나 지팡이, 목발, 인공호흡기와 같은 보조장치, 낱개의 면세품은 기내 휴대 수화물 이외의 허용품목으로 취급되어 추가적으로 기내에 휴대할 수 있다.

수화물 운송 규정

- 모든 수화물은 세관에서 보안검사를 거쳐야 한다.
- 기내 휴대 제한 품목으로 분류된 수화물은 화물칸에 탑재된다.
- 휴대 수화물에 대한 책임은 전적으로 승객에게 있으므로 비행 중 승객이 직접 휴대 수화물을 관리해야 한다. 항공사는 승객 휴대 수화물의 파손이나 손실에 대한 책임을 지지 않는다.
- 부득이한 경우로 기내에서 객실승무원이 승객의 물품을 위탁하여 보관하게 되는 경우에는 승객 하기 시에 승객에게 반환한다.
- 객실승무원이 승객의 위탁 물품을 보관하는 경우, 중간 기착지가 있거나 객실승무원 교대가 있을 시에는, 물품을 위탁받았던 객실승무원이 승객에게 물품을 반환하고, 승객이 교대 승무원에게 다시 위탁해야 한다.
- 보안상의 이유로 승객이 탑승하지 않으면 항공기 출발 전 해당 위탁 수화물을 하기해야 한다.

초과 수화물

기내에서 수화물의 무게나 크기가 초과된 수화물을 발견하는 경우, 해당 승객에게 초과 수화물의 기내반입 불가 규정에 대해 설명하고 담당 운송 직원에게 화물칸 탑재를 요청해야 한다.

이때, 객실승무원은 화물칸으로 이동되는 수화물 안에 여권, 귀중품, 약품이 들어있는지 승객에게 확인하여 직접 보관하게 하고 도착 후 수화물 수령방법에 대해 설명해야 한다. 화물칸에 추가적으로 이동되어 탑재되는 수화물은 최종목적지에서 일반 화물과 같은 절차로 수령한다.

13) 급유(Refueling)

승객 탑승 중 비행기가 급유(Refueling) 중일 경우 다음과 같은 안내절차에 따른다.

- 급유에 관한 안내방송 시행
- 좌석벨트 표시등 OFF
- 통로 및 비상구 주위에 큰 짐이나 카트 놓지 않기
- 금연 표시등(No Smoking Sign) ON
- 기내 비상등 ON
- 비상구 표시등 ON
- 급유 위치 근처에 수증기나 화재가 발생하는지 관찰
- 비행기 주위에 의심스러운 행동을 하거나 서성거리는 사람이 있는지 관찰
- 급유가 끝날 때까지 왼쪽편(L side) 마지막 도어 모드를 ARMING으로 유지하고 객실승무원이 도어 Standby

14) 도어 닫기 전 기내 안전점검

- 머리 위 선반(overhead bin)이 모두 안전하게 닫혔는지 확인한다.
- 비상 탈출상황이 발생하였을 경우 통로 및 비상구 근처에 놓여 있는 짐이나 물건이 탈출에 방해가 되거나 상해의 원인을 제공할 수 있으므로 청결상태를 유지한다.
- 화장실 안에 사람이 있는지 확인하고 화장실 사용을 자제시킨다.
- 탑승이 완료되면 객실사무장은 지상직원에게 승객 탑승 완료여부를 확인한다. 헤드카운트(head count) 시행으로 총승객 수를 다시 한 번 확인하기도 한다.
- 기장에게 승객 탑승완료 여부, 총탑승객 수, 승객 특이사항 등을 보고하고 도어클로즈 승인을 받는다.
- 객실사무장은 지상직원으로부터 승객, 화물(cargo), 운송 관련 서류(ship pouch), 입국신고서 등을 전달받는다.

- 객실사무장은 기내방송으로 지상직원의 하기를 요청한다.

2 도어(Doors)

조종실 문(cockpit doors)

- 조종실 문은 승객 탑승(boarding) 시작 직전에 시건되고 승객 하기(disembarkation) 완료 후에 해제된다.

비행기 문(cabin doors)

- 지상직원들이 모두 하기하면 안전절차에 따라 도어클로즈를 한다.
- 탑승교(jet bridge/boarding bridge/boarding ramps)나 비상구에 연결된 계단(remote stand/stair)이 완전히 분리되어 안전한 거리를 유지하고 있는지 viewing window를 통해 확인한다.

탑승교(jet bridge/boarding bridge/boarding ramps)

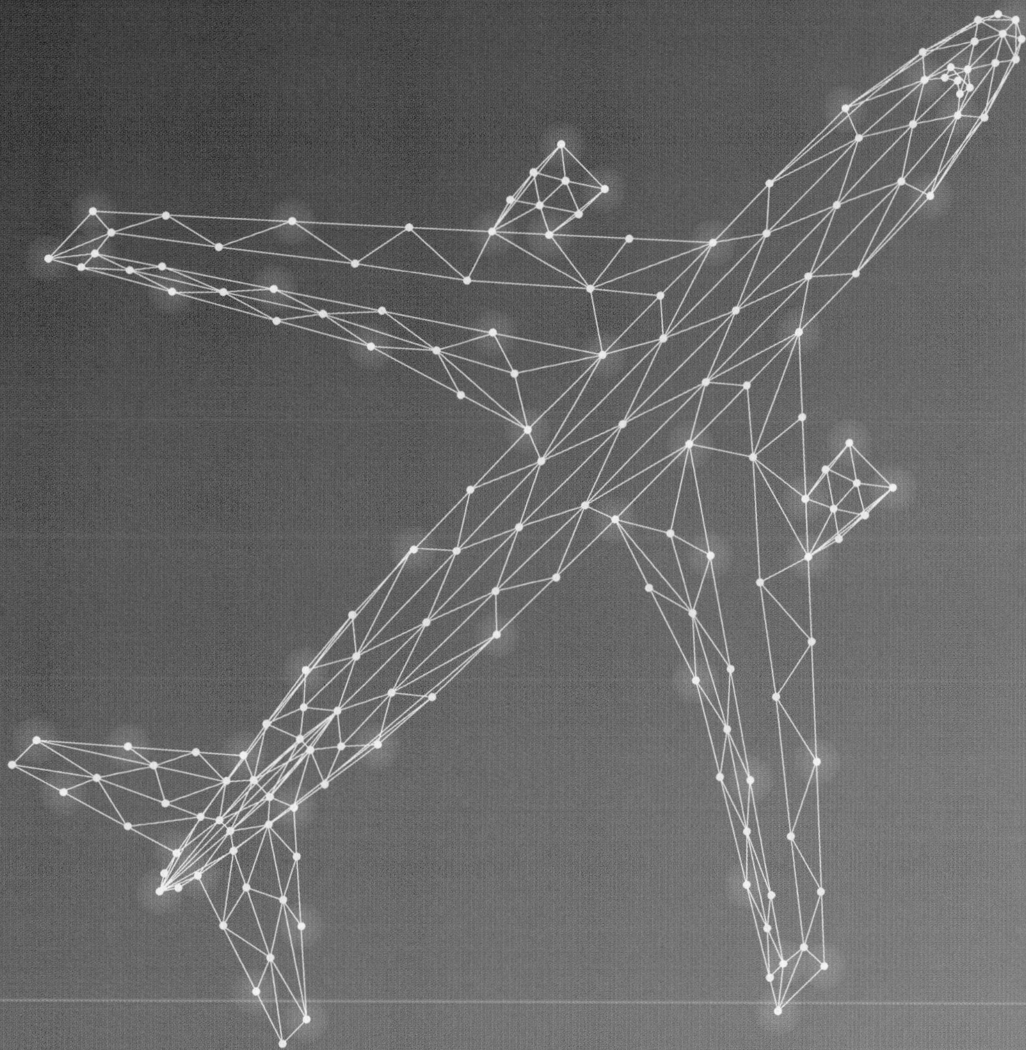

VI

이륙절차

VI 이륙절차(DEPARTURE PROCEDURES)

1 푸시백(Push-Back)

견인 차량(towing car)으로 비행기를 견인하는 작업을 푸시백(push-back)이라고 한다. 비행기가 푸시백(push-back)을 시작하면 이륙준비 단계에 들어갔다는 의미이다. 푸시백(Push-Back) 직후 객실사무장은 도어 모드를 변경하기 위한 안전점검(safety check)을 기내방송으로 지시한다.

안전점검(safety check)은 도어 모드를 ARMING 상태로 변경하여 비상시 슬라이드를 이용한 탈출에 대비하는 것이다. 각 도어를 담당하는 객실승무원들은 객실사무장의 기내방송이 나온 직후, 도어 슬라이드 모드(slide mode)를 정상위치(disarmed position/manual mode)에서 팽창위치(armed position/automatic mode)로 변경하고 맞은편 도어의 객실승무원과 크로스체크(cross check)한다.

안전점검 지시(safety check command)는 항공사별로 다르게 지정되어 있으나 일반적으로 다음과 같다.

- "CABIN CREW – SAFETY CHECK"
- "CABIN CREW – ARM SLIDES"
- "CABIN CREW, PREPARE DOORS FOR DEPARTURE, ARMED AND CROSS CHECK"

1) 정상 위치(Disarmed position/Manual mode)

거트바(girt bar)가 비행기 슬라이드 버슬(slide bustle)에 고정되어 있으므로 도어를 열어도 이스케이프 슬라이드(escape slides)가 팽창되지 않는다.

2) 팽창 위치(Armed position/Automatic mode)

거트바(girt bar)가 비행기 문틀에 고정되어 있어, 도어를 열면, 이스케이프 슬라이드(escape slides)가 자동으로 펼쳐진다.

3) 안전점검(Safety check)절차

(1) 사무장의 지시

객실사무장은 비상구에 연결된 계단(remote stand/stair)이나 탑승교(jet bridge/boarding bridge/boarding ramps)가 비행기로부터 분리되면 기내방송으로 도어 모드 선택 레버(slide mode selector)를 정상 위치에서 팽창 위치로 변경하도록 지시한다.

(2) 도어 모드(door mode) 변경 및 승무원 상호 확인

객실승무원은 안전점검(safety check)절차에 따라 도어를 팽창모드(armed position/automatic mode)로 변경하고 맞은편 객실승무원과 크로스체크(cross check)한다.

(3) 객실승무원 전체 호출

객실사무장은 인터폰의 all attendant call 기능을 이용하여 안전점검(safety check) 수행여부를 일괄적으로 확인한다.

2 TAXING PROCEDURES

슬라이드 모드 변경 후 safety video 상영 또는 safety demonstration이 실시된다.

일반적으로 AVOD(Audio Video On Demand)가 장착된 광동체는 safety video를 상영하고 영상물이 지원되지 않는 협동체(narrow body)는 객실승무원이 기내에서 직접

safety demonstration을 시연한다.

safety demonstration 내용

- 좌석벨트 사용법
- 산소마스크 위치와 사용법
- 구명복 위치와 사용법
- 비상구 위치
- 기내 비상등 위치
- 안내지침서 위치 및 내용

safety video 상영 또는 safety demonstration 시연이 끝나면 곧바로 이륙 전 기내 안전점검을 수행한다.

이륙 전 기내 안전점검 사항

- 기내 금연에 관한 규정
- 휴대 수화물 보관에 관한 규정
- 기내 금연에 관한 규정
- 휴대 수화물 보관에 관한 규정
- 승객 착석 및 좌석벨트 착용 여부 확인
- 머리 위 선반(overhead bin) 속 수화물 보관 및 잠금상태 확인
- 앞좌석 밑 수화물 보관상태 확인
- 비상구열 주위 및 통로 청결상태 확인
- 등받이(seat back), 식사 테이블(tray table), 발 받침대(foot rest), 팔걸이(arm rest), PVS 스크린 원위치
- 창문덮개(window shade) 열기
- 객실 커튼 열어서 고정(open & secure)
- 갤리 안 서비스 카트, 케이터링 물품, 컨테이너 정위치 및 잠금상태 확인
- 갤리 안 오븐, 전기주전자 등 전기제품 전원 및 갤리 조명 끄기

• 화장실 내 승객 유무 확인 및 잠금 상태로 변경
• 휴대용 전자기기 제한 규정

3 이륙 준비: PREPARATION FOR TAKE-OFF

객실승무원은 기내 점검이 완료되면 객실사무장에게 인터폰으로 보고한 후 점프싯에 착석하여 shoulder harness를 착용한다. 야간 비행일 경우 객실의 조명을 어둡게 조정하고 기내방송으로 독서등(reading light) 사용을 안내한다. 객실사무장은 객실승무원으로부터 기내 점검이 완료되었다는 전달을 받으면 기장에게 'CABIN READY' 보고를 한다.

기장에게 'CABIN READY' 하는 방식은 비행기 기종에 따라 다를 수 있다.

비행기 이륙 직전에 '이륙' 안내방송을 실시한다.

비행기 기종별 'CABIN READY' 보고

• B747: 인터폰 다이얼 '6P'
• B777: 인터폰 다이얼 '60'
• A330: FAP – 'CABIN STATUS PAGE' – 'CABIN READY' 버튼

B747 Interphone

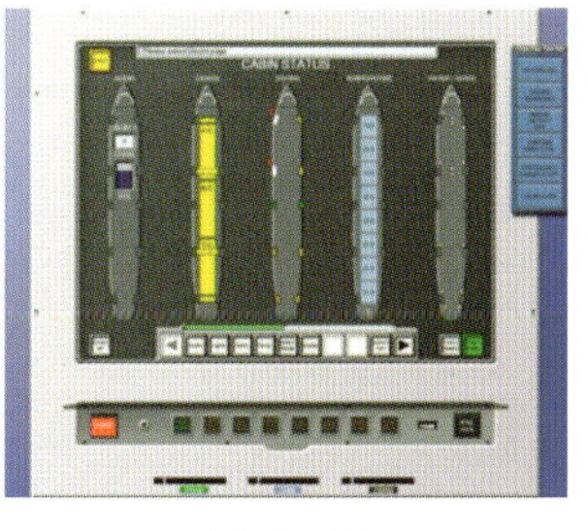

A330 FAP

객실승무원은 'CABIN READY' 보고 후 점프싯을 벗어나면 안 된다. 객실승무원은 모든 비행기 이착륙 전 점프싯에 앉아 '30 Second Review'를 수행해야 한다.

30 Second Review

'30 Second Review'는 비상사태가 발생할 경우에 대비하여 객실승무원이 자신의 위치에서 어떤 절차에 따라 행동해야 하는지 정신적으로 준비하는 과정이다.

충격방지 자세(BRACE FOR IMPACT)

비상상황에서 취해야 할 충격방지자세를 떠올린다.

탈출구(DOORS)

1차 비상구와 2차 비상구의 위치를 확인하고 비상시 도어 작동법을 떠올린다.

비상탈출구호(EVACUATION COMMAND)

탈출이 시작되었을 때 외쳐야 할 비상탈출구호가 무엇인지 떠올린다.

승객통제(PASSENGER CONTROL)

비상사태가 발생하였을 때 협조자(ABP), 도움이 필요한 승객을 떠올리고 어떻게 통제할 것인지를 생각한다.

비행기가 이륙준비를 마치면 객실사무장은 '이륙' 기내방송을 실시한다.

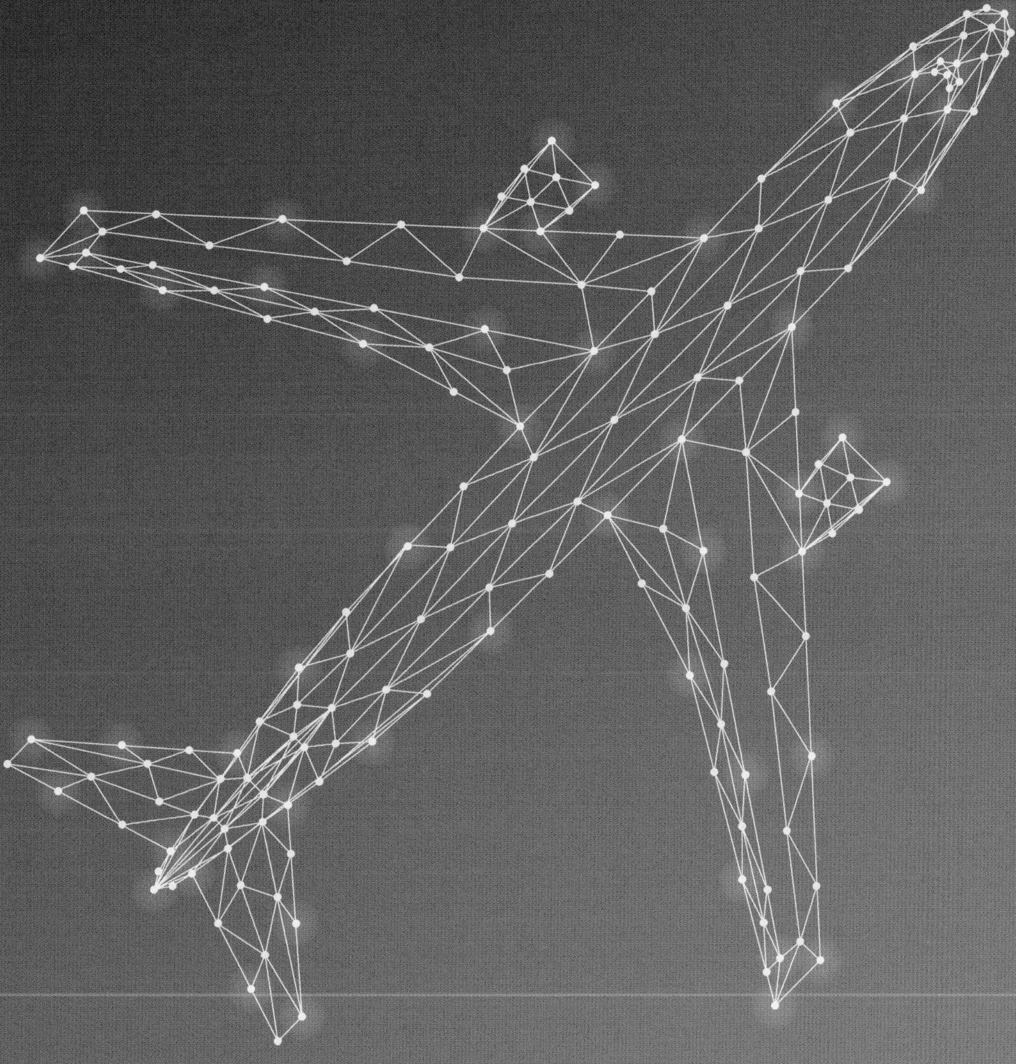

VII

비행 중 절차

VII 비행 중 절차 (CRUISE FLIGHT PROCEDURES)

비행 중 안전절차

'이륙 후' 기내방송을 실시한다.

이륙 후 좌석벨트 표시등이 꺼지면 기내 비상구, 갤리, 화장실 등 기내 안전점검과 '이륙 후' 안내방송을 실시한다.

화장실 점검(lavatory check)

안전상의 이유로 화장실은 비행 중 최소 60분에 한번씩 주기적으로 점검한다.

■ 화장실 점검사항

- smoke detector상태
- 쓰레기통 내부상태
- 화장실 쓰레기통 뚜껑 닫힘상태
- 흡연한 흔적이 있는지 점검

운항승무원 점검

객실사무장은 조종실을 방문하거나 인터폰으로 운항승무원의 안전상태를 확인한다.

유아용 침대(baby bassinet/cradle) 제공

유아용 침대(baby bassinet/cradle)는 비상구 근처를 제외한 정비 장비가 장착된 벌크

헤드(bulkhead) 뒷좌석에만 설치할 수 있다. 설치 후 승객에게 유아용 침대(baby bassinet/cradle) 사용법과 주의사항을 설명하고, 착륙 준비단계에 객실승무원이 수거하겠다는 안내를 한다.

■ 유아용 침대(baby bassinet/cradle) 주의사항

- 비행 중 좌석벨트 표시등이 꺼진 상태에서 사용할 수 있다. 좌석벨트 표시등이 켜지면 유아에게 Infant seatbelt를 착용시키고 보호자 무릎에 앉힌다.
- 신장 6cm 이하, 몸무게 10kg 미만인 유아만이 유아용 침대(baby bassinet/cradle)를 이용할 수 있다.

좌석벨트 표시등 ON

좌석벨트 표시등에 불이 들어오면 좌석벨트 착용상태를 확인하고 기내 안전점검을 실시한다. 또한 승객들의 화장실 사용을 자제시킨다.

승무원 휴식(crew rest)

객실승무원과 운항승무원은 항공안전법 시행규칙에 따라 장거리 비행에서 승무원 휴식시간을 보장받는다. 이때 Bunk/CRC(Crew Rest Compartment)/OCR(Overhead Crew Rest Area)에서 휴식을 취하게 되는데 휴식공간을 이용할 때는 항상 침상벨트(bed-belt)를 착용하여야 한다.

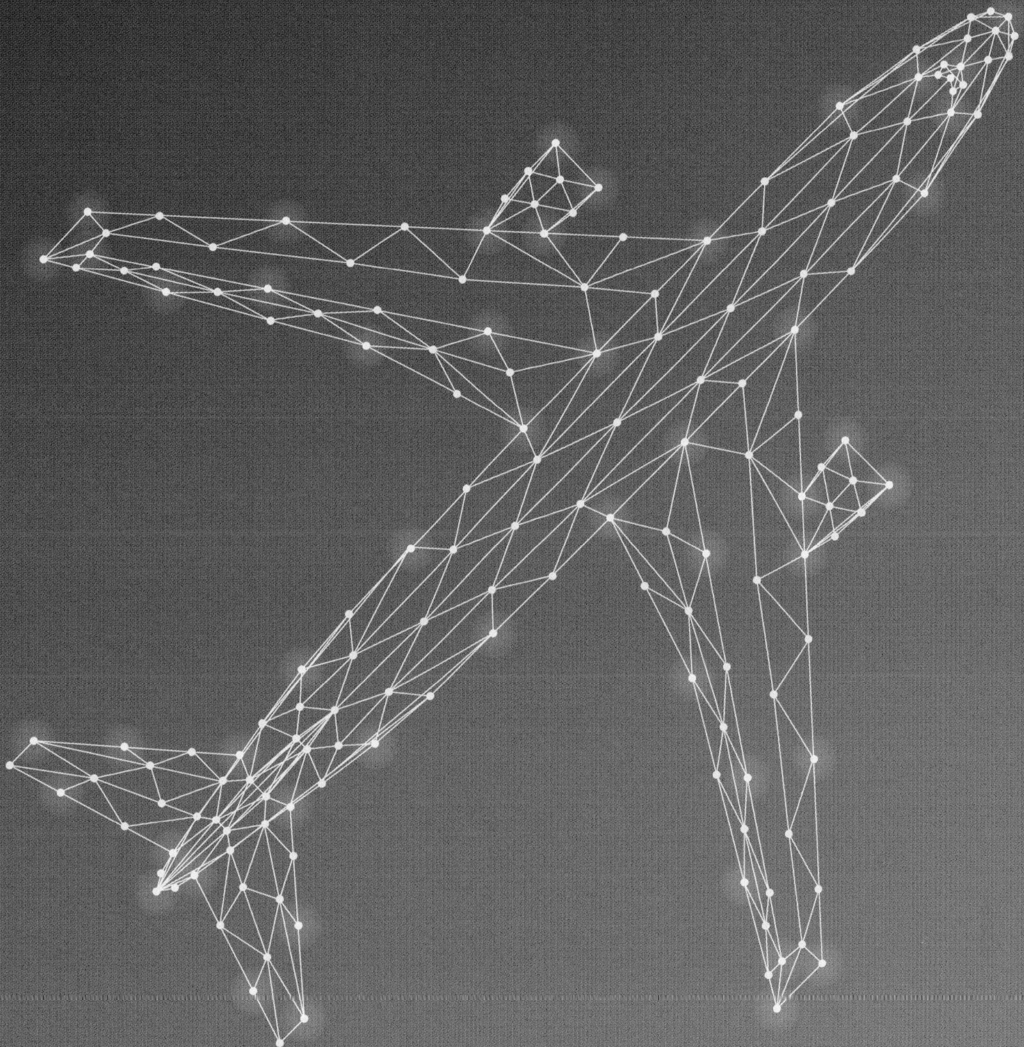

VIII

하강절차

VIII 하강절차(DECENT PROCEDURES)

① 운항승무원 하강 알림

운항승무원은 비행기 하강을 시작할 때 안내방송으로 알린다.

"CABIN CREW – PREPARE FOR LANDING"

② 좌석벨트 표시등 ON

운항승무원의 기내방송에 이어 곧바로 좌석벨트 표시등에 불이 들어온다.

만약 좌석벨트 표시등이 이미 켜진 상태라면 계속해서 켜짐상태가 지속된다.

③ 착륙 준비(preparation for landing)

객실승무원은 착륙 준비를 위해 다음의 사항들을 수행한다.

- 기내 서비스를 중단하고 기내 쓰레기 회수
- 객실사무장은 객실에 고장 또는 수리가 필요한 기물이 있는지 점검하고, 있을 경우 cabin log book에 기재
- 머리 위 선반(overhead bin) 속 수화물 보관상태 확인
- 앞좌석 밑 수화물 보관상태 확인
- 비상구열 주위 및 통로 청결상태 확인
- 유아용 침대(baby bassinet/cradle) 수거 및 정위치 보관
- 유아의 infant seatbelt 착용 여부 확인
- 좌석벨트 착용, 등받이(seat back), 식사 테이블(tray table), 발 받침대(foot rest), 팔걸이(arm rest), PVS 스크린 원위치

- 창문덮개(window shade) 열기
- 객실 커튼 열어서 고정(open & secure)
- 갤리 안 서비스 카트, 케이터링 물품, 컨테이너 정위치 및 잠금상태 확인
- 갤리 안 오븐, 전기주전자 등 전기제품 전원 및 갤리 조명 끄기
- 화장실 내 승객 유무 확인 및 잠금상태로 변경
- 휴대용 전자기기 제한 규정

④ 기내조명 조정(dimming cabin light)

야간 비행일 경우 객실의 조명을 어둡게 조정하고 기내방송으로 독서등(reading light) 사용을 안내한다.

⑤ CABIN READY

객실승무원은 기내 점검이 완료되면 객실사무장에게 인터폰으로 보고한 후 점프싯에 착석하여 shoulder harness를 착용한다. 객실사무장은 객실승무원으로부터 기내 점검이 완료되었다는 전달을 받으면 기장에게 'CABIN READY' 보고를 한다.

⑥ 30 Second Review

⑦ '착륙 전' 기내방송

⑧ 착륙이 임박하면 운항승무원은 기내방송으로 알린다.

"CABIN CREW – TAKE YOUR SEATS"

Flight Safety Manual Based On AI-VR Simulation

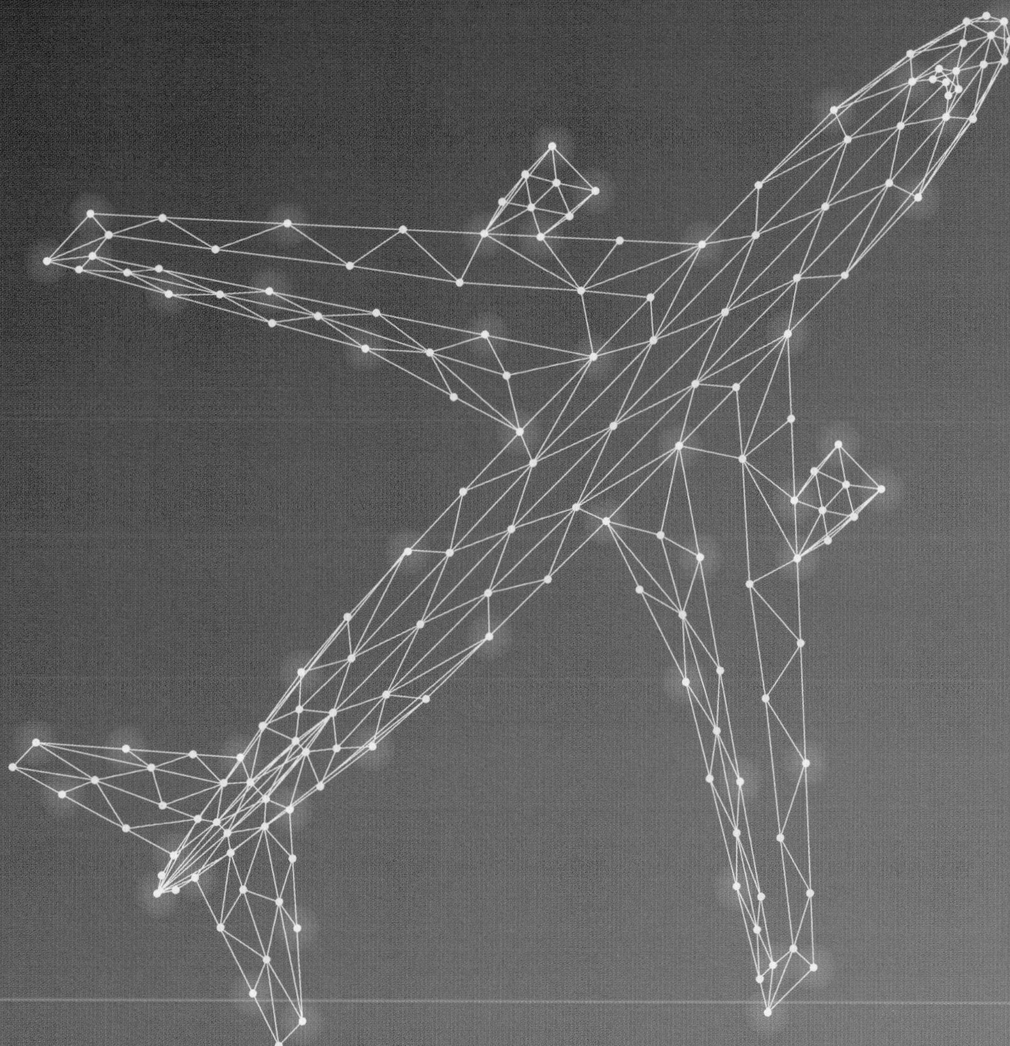

IX

착륙절차

IX 착륙절차(ARRIVAL PROCEDURES)

① **'도착' 기내방송**

비행기가 착륙하여 주기장으로 이동하면 '도착' 기내방송을 실시한다.

② **비상구 조명(door lighting)**

도어 모드를 변경하기 전에 비상구 조명(door lighting)을 켠다.

단, 기내 조명등(cabin lights)은 비행기가 게이트로 진입할 때까지 켜지 않는다.

③ **안전점검(safety check)**

비행기가 주기장에 도착하면 운항승무원이 기내방송으로 안전점검(safety check)을 지시한다. 객실승무원은 안전점검(safety check)절차에 따라 도어를 정상모드(disarmed position/manual mode)로 변경하고 맞은편 객실승무원과 크로스체크(cross check)한다.

"CABIN CREW SAFETY CHECK"

"CABIN CREW – ARM SLIDES"

"CABIN CREW, PREPARE DOORS FOR ARRIVAL, DISARMED AND CROSS-CHECK"

객실사무장은 인터폰의 all attendant call 기능을 이용하여 안전점검(safety check) 수행여부를 일괄적으로 확인한다.

④ **좌석벨트 표시등이 꺼질 때까지 승객들이 자리에서 일어나지 않도록 유도한다.**

⑤ **운항승무원이 도어오픈 승인을 한다.**

'CABIN CREW CLEAR TO OPEN DOORS.'

만약 좌석벨트 표시등이 꺼진 후에도 한참 동안 운항승무원으로부터 도어를 열어도 좋다는 기내방송이 없으면 인터폰을 이용하여 운항승무원에게 연락한다.

⑥ 지상직원이 비상구 밖에서 viewing window를 통해 수신호를 주면 객실승무원이 도어 개방절차에 따라 도어를 오픈한다. 항공사의 안전규정에 따라 외부에서 지상직원이 도어오픈을 하기도 한다.

⑦ 승객들이 안전하게 하기하는지 모니터링한다.

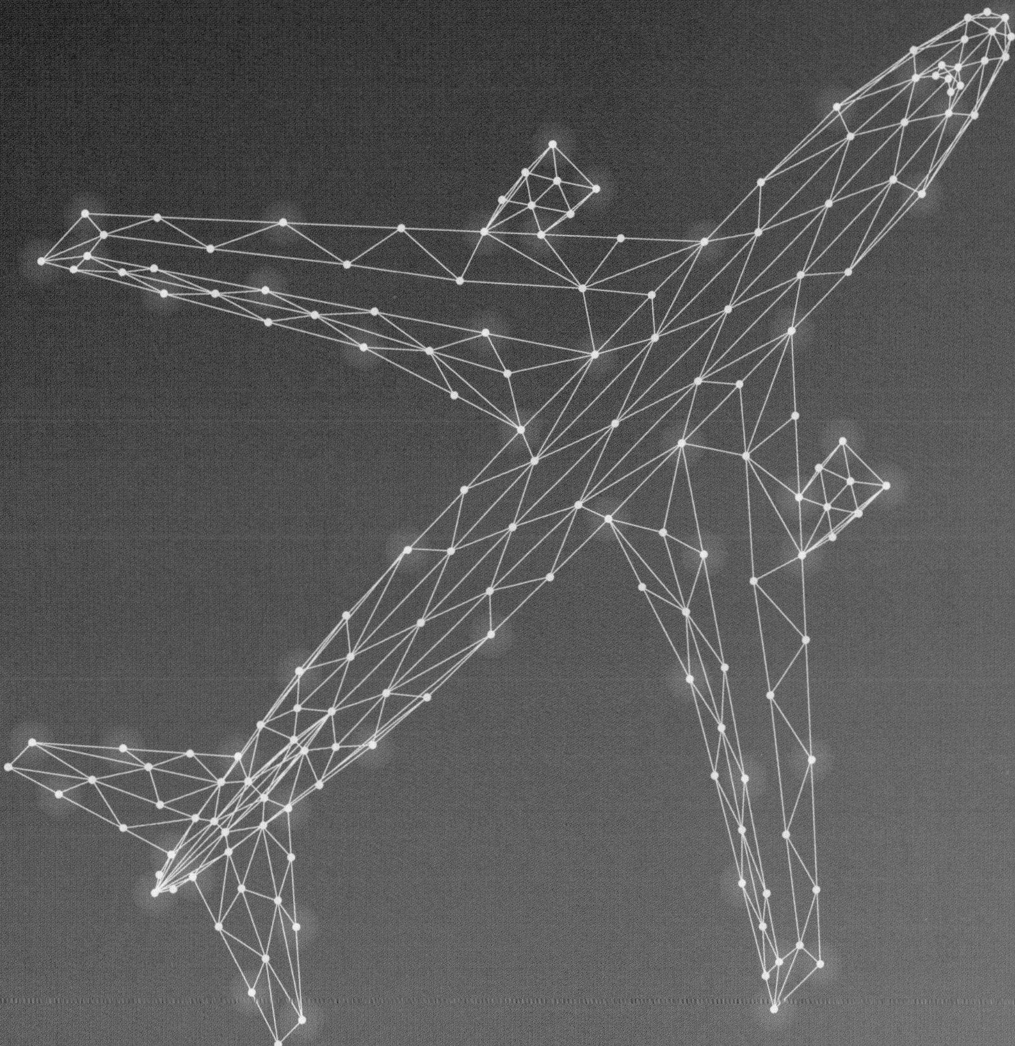

X

승객 하기 후

X 승객 하기 후 (AFTER PASSENGER DISEMBARKATION)

① 승객이 모두 하기한 후에는 기내 안전점검 및 분실물 점검(lost & found check)을 수행하고 객실사무장에게 완료여부를 보고한다. 보고가 완료될 때까지 지상직원, 청소 용역직원, 케이터링 관계자 등 외부인은 기내로 진입할 수 없다.

② 객실승무원들은 비행업무 및 지상안전점검이 완료되면 디브리핑(debriefing)을 실시한다. 디브리핑(debriefing)에서는 안전, 보안, 서비스, 승객과 관련하여 비행업무 중 발생했던 중요한 사항에 대해 공유하고 논의한다.

③ 객실승무원은 디브리핑(debriefing)이 완료되면 자신의 수화물과 소지품을 챙겨 비행기에서 하기한다.

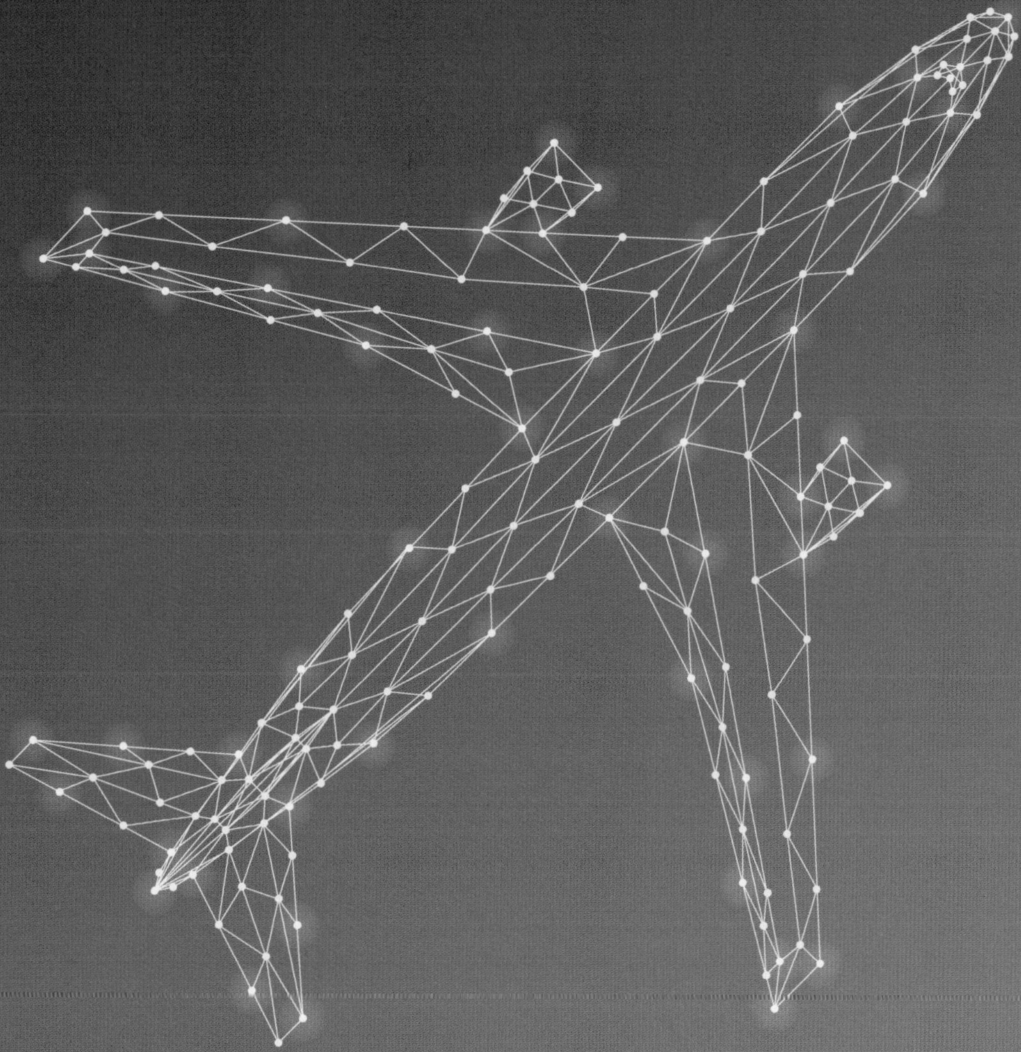

XI

일반 안전절차

XI 일반 안전절차 (NORMAL PROCEDURES)

1 좌석벨트 착용기준

- 좌석벨트 표시등이 켜지면 객실승무원은 승객의 좌석벨트 착용여부를 확인한다.
- 만 24개월 미만의 유아는 별도의 좌석을 점유할 수 없고 보호자가 infant seatbelt를 이용하여 보호한다.
- 좌석벨트 표시등이 점등되어 있는 동안에는 유아용 침대를 사용할 수 없다.
- 승객이 기내바닥에 앉거나 눕지 않도록 안내한다.
- 비어 있는 좌석의 좌석벨트는 승무원이 직무수행을 하거나 비상상황에서 신속히 탈출하는 경우에 방해가 되지 않도록 정리되어 있어야 한다.

좌석벨트 표시등이 점등되어 있는 시점

- 승객 탑승 전부터 비행고도가 10,000ft에 도달할 때까지. 단, 급유(refueling) 중인 경우는 제외
- 난기류를 통과할 때
- 난기류 진입이 예상될 때

2 난기류(turbulence)

공기의 불안정한 움직임으로 인해 발생하는 현상

난기류 정도에 따라 분류

Light turbulence

기내상황	• 컵 안의 음료가 흔들리거나 넘쳐 흐르지 않음 • 기내가 다소 흔들림
행동절차	• 좌석벨트 착용에 대한 기내방송을 실시 • 승객 좌석벨트 착용여부 확인 • 유아용 침대 사용 금지, Infant seatbelt 착용 • 승객 화장실 사용 자제
기내 서비스	• 주의를 갖고 식음료 서비스 수행

Moderate turbulence

기내상황	• 컵 안의 음료가 계속해서 넘쳐흐름 • 고정물을 잡지 않고 걸어다니기 어려움 • 서비스 카트 조작이 어려움 • 물건이 때때로 떨어지기도 함
행동절차	• 좌석벨트 착용에 대한 기내방송을 실시 • 승객 좌석벨트 착용여부 확인 • 갤리 및 객실 커튼을 열어서 고정(open & secure) • 유아용 침대를 수거하여 보관, Infant seatbelt 착용 • 승객의 화장실 사용 자제 • 갤리 물품 원위치에 보관(stow & secure) • 객실승무원 점프싯에 착석
기내 서비스	• 서비스 중단 • 서비스 카트 안에 식음료와 물품들을 넣고 갤리로 가져가 정위치에 보관(stow & secure)

Severe turbulence

기내상황	• 컵 안의 음료가 사방으로 넘쳐흐름 • 고정물을 잡지 않고 걸어다니는 것이 불가능함 • 기내 물건들이 심하게 흔들리거나 떨어짐

행동절차	• 좌석벨트 착용에 대한 기내방송을 실시 • 승객 좌석벨트 착용여부 확인 • 가능하다면 갤리 및 객실 커튼을 열어서 고정(open & secure) • 객실승무원은 점프싯이나 가까운 빈 좌석에 즉시 착석 • 승객의 화장실 사용 금지
기내 서비스	• 서비스 즉시 중단 • 서비스 카트 안에 물품들을 넣고 갤리로 가져가 정위치에 보관(stow & secure)하기 어려운 경우, 서비스 카트 위에 진열된 물품들을 기내 바닥에 내려놓고 서비스 카트를 통로 좌석 사이에 사선으로 비스듬히 위치하여 고정시킨다.

3 조종실 출입(cockpit access)

보안상의 이유로 조종실의 문은 승객 탑승 시점 직전부터 승객 하기 완료 시까지 시건상태를 유지한다. 조종실문(cockpit door)은 방탄기능으로 되어 있다. 조종실 안에서 잠금해제(un-lock)버튼을 눌러야만 조종실문의 잠금기능이 해제된다. 잠금기능 해제는 5초 동안만 지속된다. 5초 안에 조종실 문을 열지 않으면 자동으로 다시 잠기게 된다. 조종실을 출입할 때는 운항승무원에게 미리 인터폰을 통해 연락을 취하거나 조종실 키패드(keypad)에 출입코드를 등록하여 승인을 요청한다. 조종실문의 잠금상태가 해제되면 객실승무원은 조종실 주위에 승객이 있는지 확인한 후 재빨리 들어가야 한다. 조종실 안으로 들어간 후에는 신속히 문을 닫는다.

BOEING기종 조종실 키패드

- '1~5' 숫자와 'ENT(enter)'의 조합으로 구성
- RED light ON: 도어 잠김
- GREEN light ON: 도어 잠김 해제

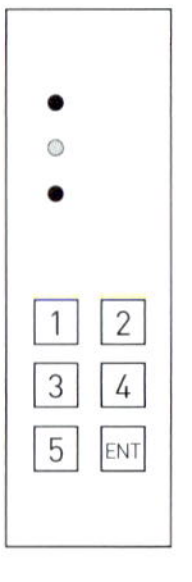

Airbus 기종 조종실 키패드

- '0~9'의 숫자, '*', '#'의 조합으로 구성
- RED light ON: 거절(deny), 도어가 계속해서 잠금상태로 유지됨
- GREEN light ON: 도어 잠금 해제
- GREEN light FLASH: EAC(Emergency Access Code)는 입력되었지만 운항승무원이 조종실 출입을 승인하지 않은 경우

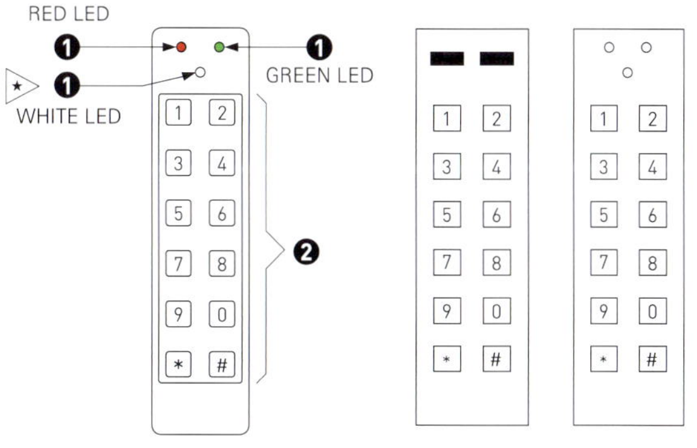

비행기 EAC(Emergency Access Code)

- Boing 기종: EAC + 'ENT'
- Airbus 기종: EAC + '#'

EAC가 입력되면 30초 후 GREEN light ON 되고 5초 동안 잠금기능이 해제된다.

4 승객

1) 임신부(Pregnant passenger)

- 임신 32주 이상~36주 미만의 임신부는 탑승일 기준 7일 이내에 작성한 산부인과 의사 소견서와 서약서를 공항에서 check-in할 때 제출해야 한다. 의사 소견서에

는 항공 여행의 적합 여부, 분만 예정일, 임신 관련 합병증 및 질환 유무가 명시되어 있어야 한다.

- 36주 이상의 임신부는 항공사 규정에 따라 탑승이 거절될 수 있다.

2) 입국거부자(INAD: Inadmissible)

입국거부자(INAD: Inadmissible)는 비자(VISA) 미소지, 여권유효기간 경과, 비자(VISA) 목적에 어긋나는 입국시도, 서류 오류 및 누락 등 입국자격의 결격사유로 인해 최종 목적지 또는 경유지 국가에서 입국/통과/상륙이 거절된 승객을 말한다.

입국거부자의 좌석은 기내 후미에 배정되고 비상구열 좌석에 착석할 수 없다. 객실사무장은 지상직원에게 인계받은 서류 일체를 비행 중 보관하고 목적지 도착 후 서류와 함께 입국거부자를 담당자에게 인계한다.

3) 강제퇴거자(deportee)

강제퇴거자(deportee)는 입국하였다가 주재국 관계당국에 의해 강제 추방명령을 받은 승객을 말한다.

강제퇴거자의 좌석은 기내 후미에 배정되고 비상구열 좌석에 착석할 수 없다. 객실사무장은 지상직원으로부터 인계받은 서류 일체를 비행 중 보관하고 목적지에 도착한 후 입국거부자와 서류를 담당자에게 인계한다.

4) 스트레처(stretcher) 승객

중증의 건강상태를 보이거나 비행 중 의료치료가 필요한 중환자, 부상환자, 수술환자가 누워서 여행할 수 있도록 비행기 기내에 일회적으로 설치한 간이침대를 스트레처라 하고 이를 이용하는 승객을 스트레처 승객이라고 한다.

일반적으로 스트레처는 일반석의 좌석 6~8개를 이용하여 설치하고 일반석에만 설치가 가능하다. 스트레처 승객은 의사나 간호사와 같은 전문의료진이 반드시 함께 탑승해야 한다. 스트레처 승객은 일반승객들의 탑승이 시작되기 전에 비행기 오른쪽 도어를 이용하여 탑승하고 일반승객들의 하기가 완료된 후에 하기한다.

5 산소공급 시스템

1) 객실 산소공급 시스템

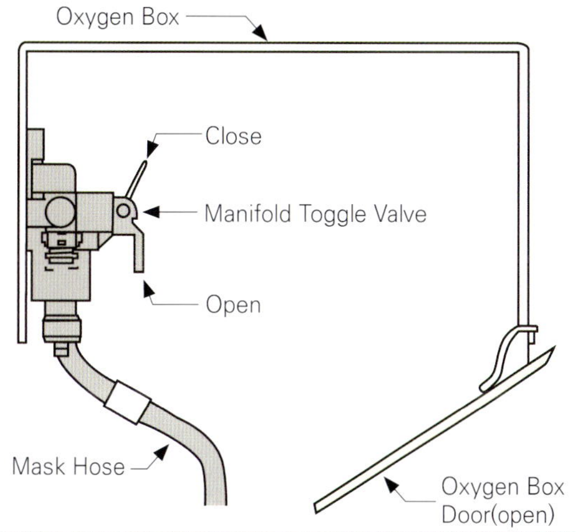

객실 산소공급 시스템은 객실에 산소를 공급하기 위한 시스템이다. 객실에는 전체 승객 좌석 수 대비 약 110%의 산소마스크가 장착되어 있다.

산소마스크 공급은 자동과 수동의 방법이 있다.

① 자동 산소마스크

비행 중 여압장치에 이상이 생기거나 기타 사유로 감압현상이 발생할 경우 자동으로 PSU(Passenger Service Unit) 안에 설계된 보관함(Compartment)이 열리면서 안에 있는 산소마스크가 떨어진다.

산소마스크에 제너레이터 핀(generator pin)이 연결되어 있어 산소마스크를 잡아당기면 제너레이터 핀이 빠지면서 화학반응이 일어나 산소 공급이 시작된다.

② 수동 산소마스크

보관함이 자동으로 열리지 않을 경우 수동으로 열 수 있다. Airbus 기종은 MRT를, Boeing 기종은 머리핀이나 옷핀과 같이 끝이 뾰족한 물건을 보관함 구멍(hole)에 넣으면 보관함이 열리면서 산소마스크가 떨어진다.

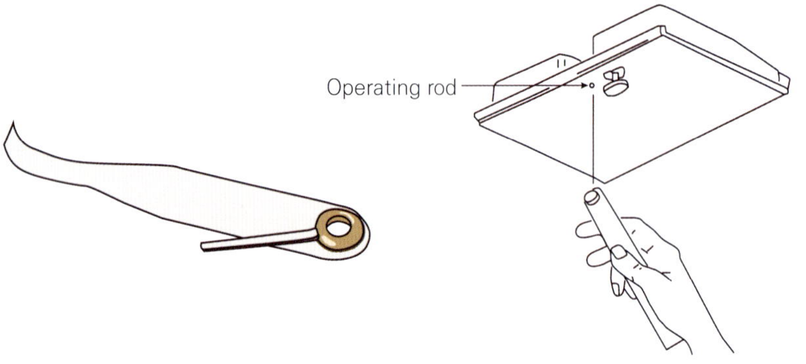

MRT(Manual Release Tool)

MRT 용도

Airbus 기종의 경우 감압 발생 시 산소마스크가 자동으로 떨어지지 않을 때 MRT를 이용하여 수동으로 산소마스크를 떨어뜨린다. MRT는 점프싯 하단에 비치되어 있다.

MRT 사용방법

MRT의 뾰족한 끝을 산소마스크 보관함의 작은 구멍(operating rod)에 깊게 밀어넣는다.

Boeing 기종은 머리핀이나 옷핀과 같이 끝이 뾰족한 물체(sharp object)를 이용하여 수동으로 산소마스크를 떨어뜨린다.

유아를 동반한 승객의 경우 보호자가 먼저 산소마스크를 착용한 다음 유아의 산소마스크 착용을 돕는다. 화장실에는 2개의 산소마스크가 장착되어 있다.

산소마스크가 불필요하게 떨어진 경우

시스템 오작동과 같은 이유로 산소마스크가 불필요하게 떨어지게 되는 경우 다음과 같은 조치를 취한다.

- 기장에게 즉시 보고
- 떨어진 산소마스크는 원위치에 넣지 않음

• Oxygen Generator가 작동한 경우에는 승객을 감압에 대비하여 산소공급이 가능한 좌석으로 재배치하거나 앞뒤 열의 남은 산소마스크를 사용하도록 안내함

객실 산소공급 시스템의 종류

객실 산소공급 시스템에는 Chemical Oxygen System과 Gaseous Oxygen System의 두 종류가 있다.

① Chemical Oxygen System

• Chemical Oxygen Generator에서 산소가 공급됨
• 한번 산소 공급이 시작되면 중도에 중단이 불가함
• 제너레이터(generator)가 과열되면 연기와 타는 냄새를 발생시킬 수 있음
• 기종에 따라 다르나 약 15분 동안 산소공급이 이루어짐

② Gaseous Oxygen System

• 대형 탱크 안에 압축된 gaseous oxygen이 저장되어 있음
• Chemical Oxygen Generator보다 더 긴 시간 동안 산소가 공급됨
• 조종석에서 전체적으로 중단하거나 기내에서 개별적으로 산소공급을 중단할 수 있음

산소마스크

Overhead Oxygen System의 산소마스크에는 산소가 공급되고 있는지 확인할 수 있는 Flow Indicator가 장착되어 있다.

Flow Indicator에는 두 종류가 있다.

① Built-in Mask Bag

Built-in Mask Bag

• 산소가 공급되면 green flow indicator가 부풀어오른다.

② Built-in Mask Tube

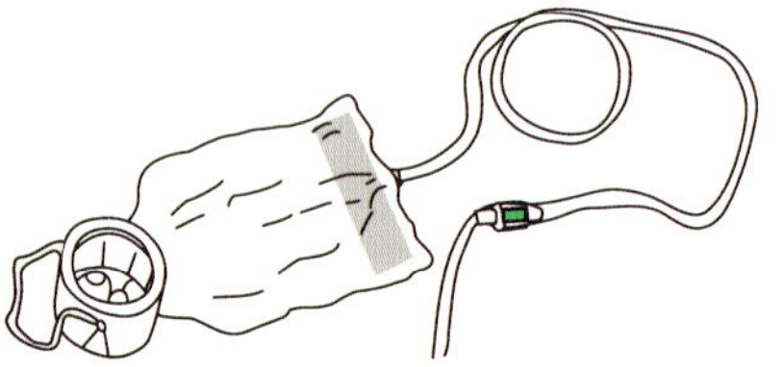

Built-in Mask Tube

• 산소가 공급되면 In-line flow indicator가 녹색으로 변한다.

마스크백(Mask bag)

마스크백은 산소가 공급되더라도 부풀지 않을 수 있기 때문에 산소공급을 확인하는 이상적인 방법은 아니다. 일반적으로 감압 발생 시 객실압력이 높을수록 마스크백이 더 많이 부푼다. 마스크백에 공급되는 산소 시스템의 종류에 따라 부푸는 정도가 달라진다.

주의사항

• 순수 산소와 기내 공기가 혼합되어 산소마스크로 공급되므로 기내화재와 같이 유독성 연기가 발생하는 경우 산소마스크를 보호장비로 사용하면 안 된다.

휴대용 산소통(Portable oxygen bottle/PO_2 bottle)

휴대용 산소통은 감압발생 후 응급의료상황이 발생했을 경우에 제공한다. 휴대용 산소통에는 약 310 liter의 산소가 저장되어 있다.

아울렛의 종류

• LOW

• HIGH

사용시간

- LOW: 150분
- HIGH: 75분

사용방법

- 아울렛을 선택하여 마스크 튜브를 연결한다.
- On/Off 밸브(valve)를 반시계방향으로 완전히 돌린다.
- 마스크에 산소가 공급되는지 확인한다. 마스크 튜브에 설치된 Flow Indicator가 녹색으로 변하면 산소공급이 이루어지고 있다는 의미이다.
- 휴대용 산소통의 전량을 사용하지 않고 최소 500 PSI를 남겨두고 사용을 중단한다.

Flight Safety Manual Based On AI-VR Simulation

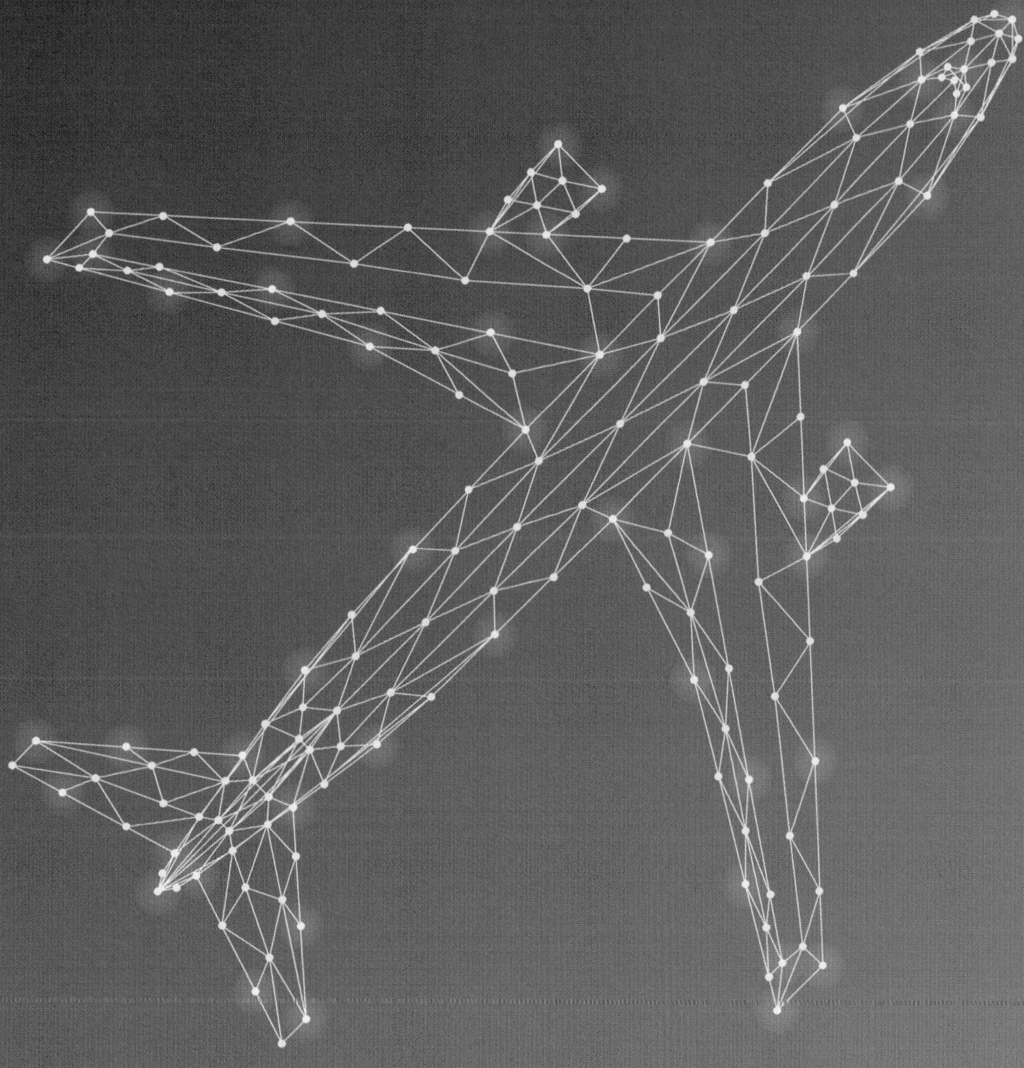

XII

DOOR OPERATION

XII DOOR OPERATION

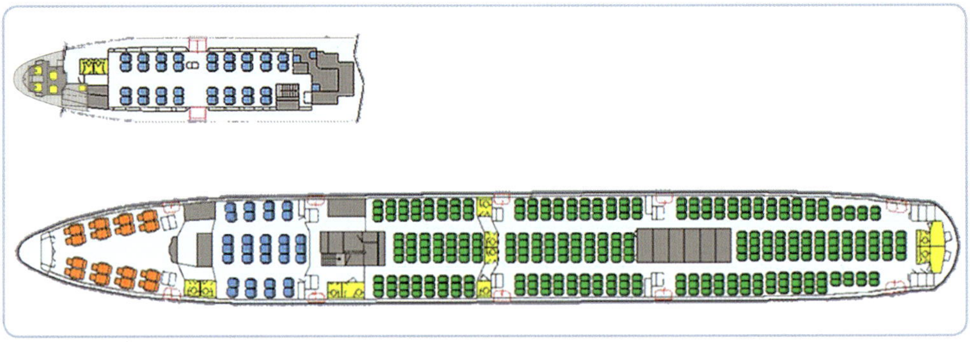

B747-400 객실 도면

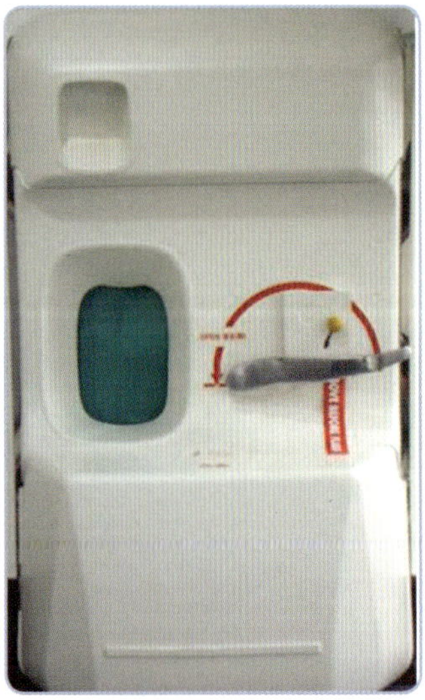

B747-400 door

Cabin Pressure Door Indicator

1 도어의 역할

비행기에는 지정된 수의 도어가 있다. 도어는 평상시에는 출입구의 역할을 하고 비상상황에서는 비상탈출구의 역할을 한다.

2 도어의 명칭

비행기 도어의 명칭은 항공사마다 다르게 사용하기도 하지만 일반적으로 왼쪽(L), 오른쪽(R) 방향을 나타내는 알파벳 이니셜 다음에 숫자를 붙여 출입구의 순서에 따라 전방부터 왼쪽 출입구는 L1, L2, L3, L4, L5 식으로, 오른쪽 출입구는 R1, R2, R3, R4, R5 식으로 부른다.

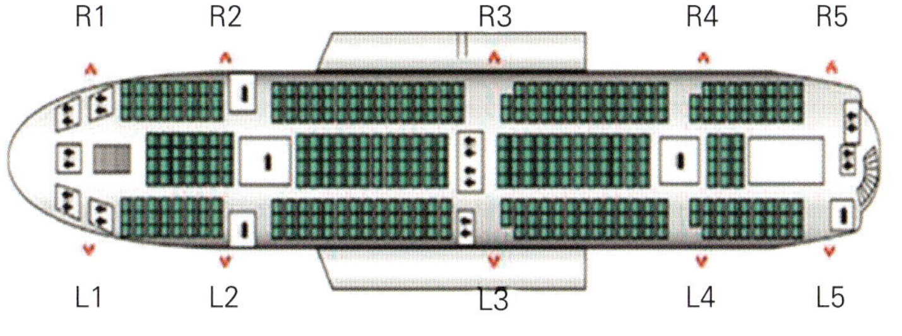

B777-300 도어명칭

또는 두 자리의 숫자를 조합하여 명칭으로 사용하는 항공사도 있다. 왼쪽의 도어에는 앞자리에 숫자 1을, 오른쪽의 도어에는 숫자 2를 붙인다. 뒷자리는 전방부터 순차적으로 1부터 숫자를 매긴다. 예를 들어 B747-400의 경우, 왼쪽 도어의 명칭은 가장 앞쪽의 도어부터 11, 12, 13, 14이고 오른쪽 도어는 21, 22, 23, 24가 된다. Upper deck의 왼쪽 도어의 명칭은 16, 오른쪽 도어는 26이다.

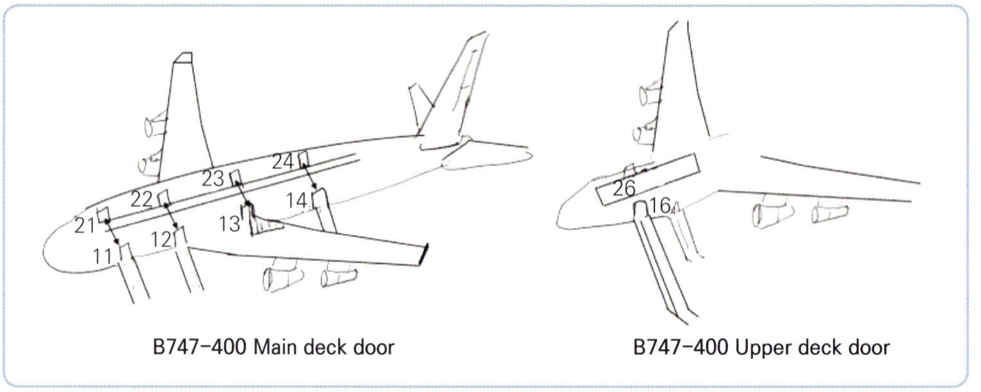

B747-400 도어명칭

도어 점검법

- 도어 주변의 청결상태 확인
- Door handle 상태
- Power gauge(Pneumatic power gauge) 확인
- Slide mode 상태
- Slide bustle 상태

Slide Mode Selector

모든 도어에는 Slide Mode Selector가 설치되어 있다. 정상적인 상황에서 Slide Mode Selector는 정상위치(disarmed position/manual mode)에 놓여 있다. 이때, 거트바(girt bar)가 비행기 슬라이드 버슬(slide bustle)에 고정되어 있어 도어를 열어도 슬라이드가 팽창되지 않는다.

비상상황에서 Slide Mode Selector는 팽창위치(armed position/automatic mode)에 놓여 있다. 이때, 거트바(girt bar)가 비행기 문틀에 고정되어 있어 문을 열면 이스케이프 슬라이드가 자동으로 펼쳐진다.

B747-400

B747-400은 main deck door 10개, upper deck door 2개로 객실에 총 12개의 도어가 있다. Main deck L3, R3(13, 23)와 upper deck UL6, UR6(16, 26)에는 비상용 탈출 미끄럼대인 이스케이프 슬라이드(escape slide)가 장착되어 있고 나머지 도어에는 비상착륙과 비상착수에 사용되는 슬라이드 래프트(slide raft)가 장착되어 있다. 일반적으로 승객 탑승과 하기 시에는 L1 & L2(11 & 12) 도어를 사용하고 케이터링, 서비스 용품 탑재, 스트레처 승객 탑승 및 하기 시에는 R2(22) 또는 R4(24)를 주로 사용한다.

B747-400 Slide Mode Selector

B747-400 Main Deck Door

B747-400 main deck door 구성

- Door handle
- Door assist handle
- Door viewing window
- Slide mode selector
- Door slide bustle
- Door locking indicator
- Power gauge(Pneumatic power gauge)

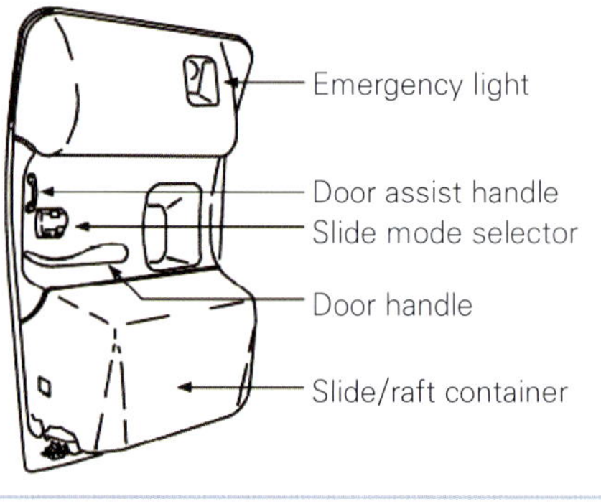

B747-400 Main Deck Door

B747-400 Slide Mode Selector ARMING 조작법

① 커버(access cover)를 연다.

② Slide Mode Selector를 팽창위치(Armed position/Automatic mode)로 옮긴다.

③ 커버(access cover)를 닫는다.

④ 맞은편 객실승무원과 Cross check를 한다.

B747-400 Slide Mode Selector DISARMING 조작법

① 커버(access cover)를 연다.

② Slide Mode Selector를 정상위치(Disarmed position/Manual mode)로 옮긴다.

③ 커버(access cover)를 닫는다.

④ 맞은편 객실승무원과 Cross check를 한다.

B747-400 도어 조작법

정상적인 상황에서 Main deck door를 열 때

① 도어 주위의 청결상태를 점검하고 외부환경을 살핀다.

② Slide Mode Selector가 정상위치(Disarmed position/Manual mode)에 있는지 확인한다.

③ 한 손으로 동체에 고정된 door assist handle(fuselage door assist handle)을 잡아 몸을 고정시키고 다른 한 손으로는 비상구에 고정된 door assist handle을 잡는다.

④ Door handle을 화살표의 열림 방향에 따라 완전히 돌린다.

⑤ 도어가 동체에 안전하게 고정될 때까지 도어를 연다.

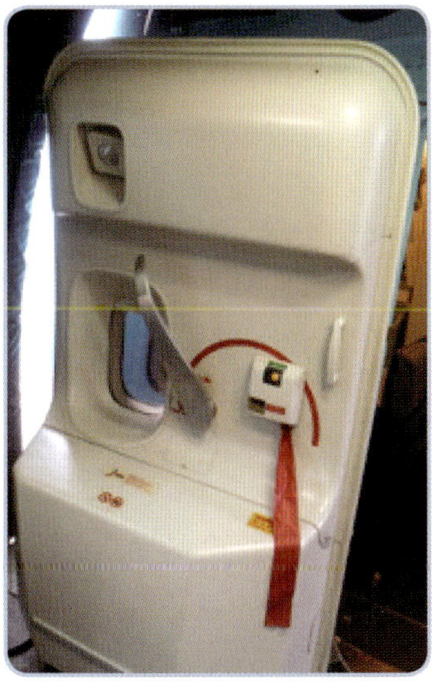

비행기 안에서 본 열린 도어 모습

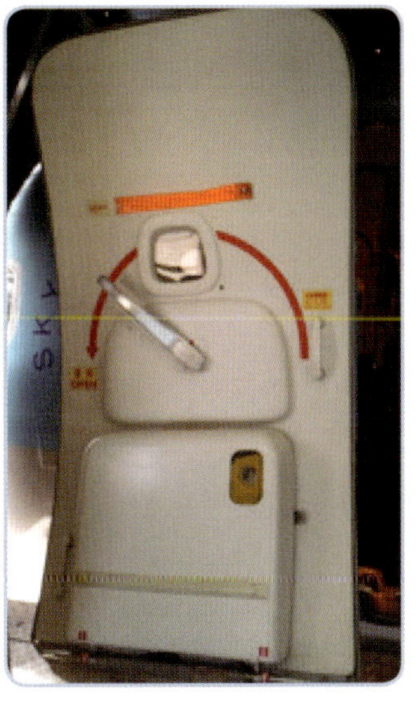

비행기 밖에서 본 열린 도어 모습

비상상황에서 Main deck door를 열 때

① 승객좌석의 Window와 비상구의 Viewing Window를 통해 외부환경을 살핀다.

② Slide Mode Selector가 팽창위치(Armed position/Automatic mode)에 있는지 확인한다.

③ door handle을 화살표의 방향에 따라 돌린다. Emergency Power Assist System이 작동하여 door handle이 살짝만 움직여도 쉽게 문이 열리도록 설계되어 있다. 따라서 Door handle을 열 때 오래 잡지 않고 손에서 바로 놓아야 한다.

④ 도어가 완전히 열리고 이스케이프 슬라이드가 완전히 펼쳐질 때까지 동체에 설치된 Door assist handle을 잡고 기다린다. 이스케이프 슬라이드가 완전히 펼쳐질 때까지 9초가 소요된다.

⑤ 이스케이프 슬라이드가 자동으로 팽창되지 않을 경우에는 도어 문틀 바닥 오른쪽에 설치되어 있는 매뉴얼 인플레이션 핸들(Manual Inflation Handle)을 당겨 수동으로 이스케이프 슬라이드를 팽창시킨다.

슬라이드 래프트를 분리하는 법(How to disconnect slide raft)

① 도어 문틀바닥에 거트(girt)를 덮은 커버(cover)를 연다.

② 슬라이드 디스인게이지 핸들(slide disengage handle)을 잡아당긴다.

③ 무어링 라인 퀵 릴리즈 핸들(mooring line quick release handle)을 당기거나 나이프(knife)로 무어링 라인 퀵 릴리즈 핸들(mooring line quick release handle)을 자른다.

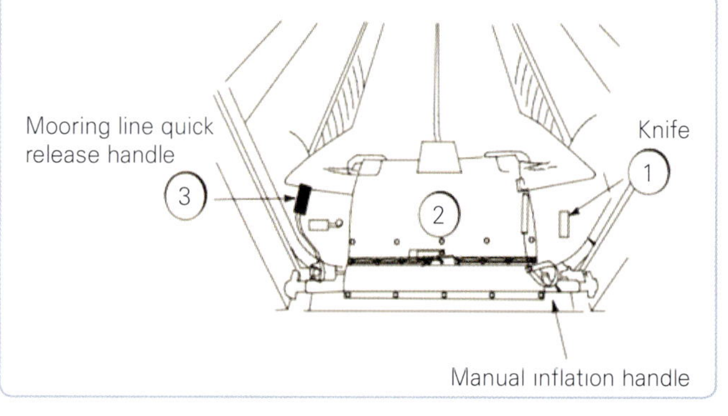

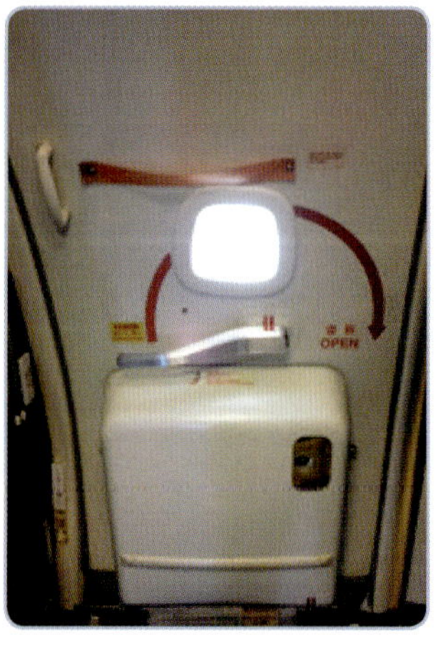

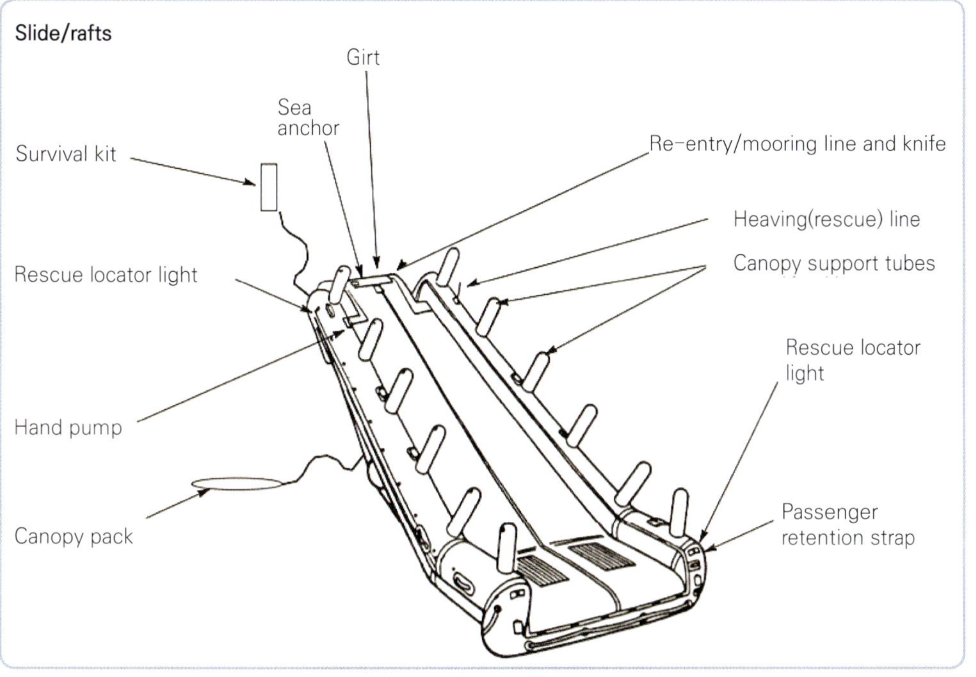

B747-400 슬라이드 래프트 구조별 명칭

비상상황에서 Escape Hatch L3 & R3(13 & 23)를 열 때

① 덮개의 뚜껑 안쪽으로 손을 집어넣어 손잡이를 잡는다.

② 손잡이를 아래쪽 방향으로 한번 당긴다.

③ Over Wing Window Exit는 캐노피(canopy) 타입으로 되어 있어 비행기 바깥쪽 상단으로 열린다.

④ 도어가 완전히 열리고 이스케이프 슬라이드가 완전히 펴질 때까지 동체에 고정된 Door assist handle을 잡고 기다린다. 이스케이프 슬라이드가 완전히 펼쳐질 때까지 9초가 소요된다.

⑤ 이스케이프 슬라이드가 자동으로 팽창하지 않을 경우에는 도어 문틀바닥 오른쪽에 있는 붉은색 Manual Inflation Handle을 당겨 수동으로 이스케이프 슬라이드를 팽창시킨다.

주의사항

- 비상구 Escape Hatch L3 & R3(13 & 23)는 비상상황에서만 사용한다.
- 이스케이프 슬라이드 끝에 이발소 표시의 기둥(Barber pole)이 보이면 이스케이프 슬라이드가 완전히 팽창되었다는 의미이다.

B747-400 Escape Hatch L3 & R3(13 & 23)

정상적인 상황에서 Main deck door를 닫을 때

① 도어 주변의 청결상태를 점검한다.

② 한 손으로는 동체에 고정된 Assist handle을 잡아 몸을 고정시킨다.

③ 다른 한 손으로 Gust Lock Release Lever를 당겨 잠금상태를 풀고 기내 안쪽방향으로 잡아당긴다.

④ 도어가 도어 문틀바닥에 닿으면 door handle을 잡아 비행기 안쪽으로 당기는 동시에 닫힘 화살표 방향으로 완전히 돌린다.

⑤ Door handle이 화살표 방향 끝까지 완전히 내려갔는지 확인한다.

⑥ Door Locking Indicator가 초록색으로 변하고 'LOCKED'로 표시되었는지 확인한다.

B747-400 Upper deck door

B747-400 Upper deck door

비상상황에서 Upper deck door를 열 때

① 승객좌석의 window를 통해 외부환경을 확인한다.

② Slide Mode Selector가 팽창위치(Armed position/Automatic mode)에 있는지 확인한다.

③ 한 손으로는 동체에 고정된 Assist handle을 잡아 몸을 고정시키고 다른 한 손으로는 Door handle을 잡는다.

④ door handle을 화살표의 방향에 따라 위로 올린다. Emergency Power Assist System이 작동하여 door handle이 살짝만 움직여도 쉽게 문이 열리도록 설계되어 있다. 따라서 Door handle을 열 때 오래 잡지 않고 손에서 바로 놓아야 한다.

⑤ 도어가 완전히 열리고 이스케이프 슬라이드가 완전히 펼쳐질 때까지 동체에 고정된 Door assist handle을 잡고 기다린다. 이스케이프 슬라이드가 완전히 펼쳐질 때까지 9초가 소요된다.

⑥ 이스케이프 슬라이드가 자동으로 팽창하지 않을 경우에는 도어 문틀바닥 오른쪽에 있는 붉은색 Manual Inflation Handle을 당겨 수동으로 이스케이프 슬라이드를 팽창시킨다.

슬라이드 래프트를 분리하는 법(How to disconnect slide raft)

① 도어 문틀바닥에 거트(girt)를 덮은 커버(cover)를 연다.

② 슬라이드 디스인게이지 핸들(slide disengage handle)을 잡아당긴다.

③ 무어링 라인 퀵 릴리즈 핸들(mooring line quick release handle)을 당기거나 나이프(knife)로 무어링 라인 퀵 릴리즈 핸들(mooring line quick release handle)을 자른다.

A330-200 Slide Mode Selector ARMING 조작법

① 커버(access cover)를 연다.

② 안전핀(Safety pin)을 제거하고 하단의 안전핀 구멍(safety pin hole)에 끼워 넣는다.

③ Slide Mode Selector/Arming Lever를 팽창위치(Armed position/Automatic mode)로 옮긴다.

④ 커버(access cover)를 닫는다.

⑤ 맞은편 객실승무원과 Cross check를 한다.

A330-200 Slide Mode Selector ARMING

A330-200 Slide Mode Selector DISARMING 조작법

① 커버(access cover)를 연다.

② Slide Mode Selector/Arming Lever를 정상위치(Disarmed position/Manual mode)로 옮긴다.

③ 안전핀(Safety pin)을 안전핀 구멍(safety pin hole)에 끼워 Slide Mode Selector/Arming lever를 고정시킨다.

④ 커버(access cover)를 닫는다.

⑤ 맞은편 객실승무원과 Cross check를 한다.

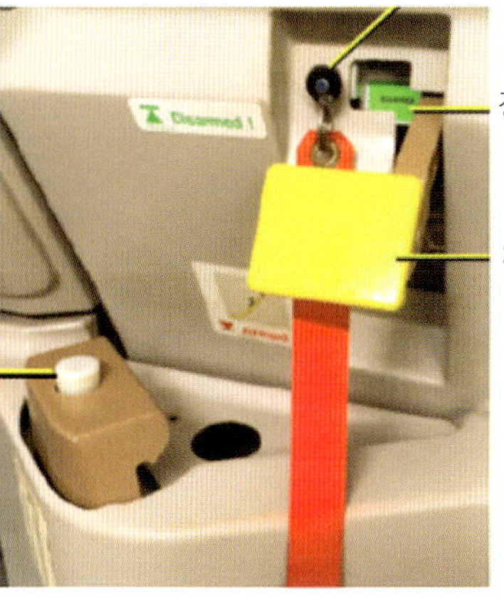

A330-200 Slide Mode Selector DISARMING

정상적인 상황에서 Main deck door를 열 때

① 도어 주위의 청결상태를 점검하고 외부환경을 살핀다.

② Slide Mode Selector가 정상위치(Disarmed position/Manual mode)에 있는지 확인한다.

③ 한 손으로 동체에 고정된 door assist handle(fuselage door assist handle)을 잡아 몸을 고정시키고 다른 한 손으로 door assist handle을 잡고 기내 안쪽 방향으로 당긴다.

④ 도어가 거스트록(gust lock)에 걸려 동체에 완전히 고정될 때까지 도어를 바깥쪽

으로 민다.

비상상황에서 Main deck door를 열 때

① 승객 좌석의 window와 비상구의 viewing window를 통해 외부환경을 살핀다.

② Slide Mode Selector가 팽창위치(Armed position/Automatic mode)에 있는지 확인한다.

③ door handle을 화살표의 방향에 따라 위로 올린다. Emergency Power Assist System이 작동하여 door handle이 살짝만 움직여도 쉽게 문이 열리도록 설계되어 있다. 따라서 door handle을 열 때 오래 잡지 않고 손에서 바로 놓아야 한다.

④ 도어가 완전히 열리고 이스케이프 슬라이드가 완전히 펼쳐질 때까지 동체에 설치된 door assist handle을 잡고 기다린다. 이스케이프 슬라이드가 완전히 펼쳐질 때까지 9초가 소요된다.

⑤ 이스케이프 슬라이드가 자동으로 팽창하지 않을 경우에는 도어 문틀바닥 오른쪽에 있는 붉은색 Manual Inflation Handle을 당겨 수동으로 이스케이프 슬라이드를 팽창시킨다.

슬라이드 래프트를 분리하는 법(How to disconnect slide raft)

① 도어 문틀바닥에 거트(girt)를 덮은 커버(cover)를 연다.

② 슬라이드 디스인게이지 핸들(slide disengage handle)을 잡아당긴다.

③ 무어링 라인 퀵 릴리즈 핸들(mooring line quick release handle)을 당기거나 나이프(knife)로 무어링 라인 퀵 릴리즈 핸들(mooring line quick release handle)을 자른다.

정상적인 상황에서 Main deck door를 닫을 때

① 도어 주변의 청결상태를 점검한다.

② 거스트록(gust lock)을 눌러 도어의 잠금상태를 푼다.

③ 한 손으로 동체에 고정된 door assist handle(fuselage door assist handle)을 잡아 몸을 고정시키고 다른 한 손으로 door assist handle을 잡고 기내 안쪽 방향으로 당긴다.

④ 도어가 도어 문틀바닥에 닿으면 door handle을 잡고 아래로 완전히 내린다.

⑤ Door Locking Indicator가 붉은색으로 변하고 'UNLOCKED'로 표시되었는지 확인한다.

슬라이드 래프트(Slide raft)

슬라이드 래프트(slide raft)는 비상구 하단에 설치된 비상탈출장비이다. 비상 착륙 시에 탈출용 미끄럼대(escape slide)로 사용되어 승객과 승무원이 비행기 밖으로 탈출할 수 있도록 돕고 비상착수 시에는 구명정(raft)으로 사용된다. 슬라이드 래프트에는 생존용 장비(survival kit)가 장착되어 있다. 슬라이드는 비상구를 엶과 동시에 팽창하여 완전히 펼쳐지는 데 9초가 소요된다. 만약 비상상황에서 도어를 열었을 때 슬라이드가 완전히 팽창하지 않거나 바람이나 장애물에 의해 꺾여서 펼쳐진 경우 비상탈출구로 사용하지 않는다. 비행기 비상대피상황에서 승객과 승무원 전원은 90초 이내에 비상탈출해야 한다. 이스케이프 슬라이드에는 싱글레인(single lane)과 더블레인(double lane)이 있다.

구명정(raft) 부속장비

슬라이드 래프트에는 구명정을 설치, 수리 및 관리하는 데 필요한 설치 · 수리용 장비, 구조 신호를 보내는 신호용 장비, 구정명에서 생존에 필요한 비상식량, 구급약 등이 들어 있는 생존용 장비가 있다.

탈출용 슬라이드(Escape slide)

구명정 탑승

설치 수리용 장비(Sustaining equipment)

장비	용도
캐노피(canopy) 	바람, 파도, 직사광선 차단용 차양
캐노피 폴(canopy pole) 	캐노피 차양 지지대
시 앵커(sea anchor) 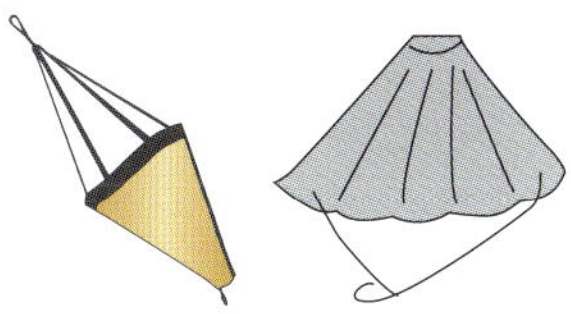	구명정(raft)이 바람, 파도에 의해 표류하는 것을 방지하기 위한 헝겊으로 된 닻
핸드 펌프(hand pump) 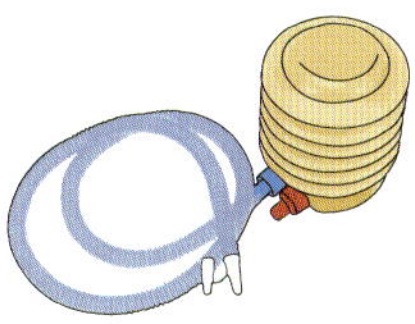	구명정 공기 보충기
버킷(bucket) 	구명정에 고인 물을 퍼내는 들통
수리용 클램프(repair clamp) 	구명정 수리용 죔쇠

<table>
<tr><td>스펀지(sponge)
</td><td>구명정에 고인 수분 제거</td></tr>
<tr><td>히빙 라인(heaving line)
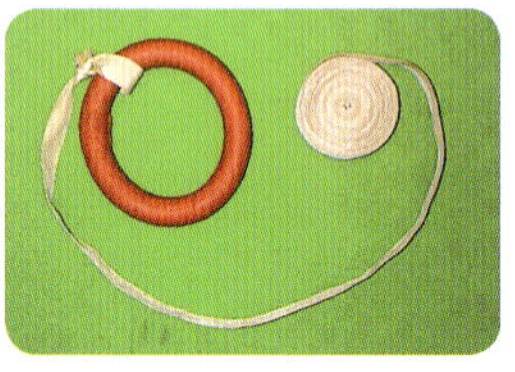</td><td>사람이 물에 빠졌을 때 구조하거나 구명정들이 서로 떨어지지 않도록 연결할 때 사용하는 구명줄</td></tr>
<tr><td>무어링 라인(mooring line)
</td><td>항공기와 구명정을 연결해 주는 최종적 계선줄이며 항공기에 다시 들어갈 때 사용한다.</td></tr>
<tr><td>칼(knife)
</td><td>항공기와 구명정 사이의 무어링 라인(mooring line)을 절단할 때 사용</td></tr>
</table>

긴급 신호용 장비(Signal equipment)

장비	용도
반사경(signal mirror) 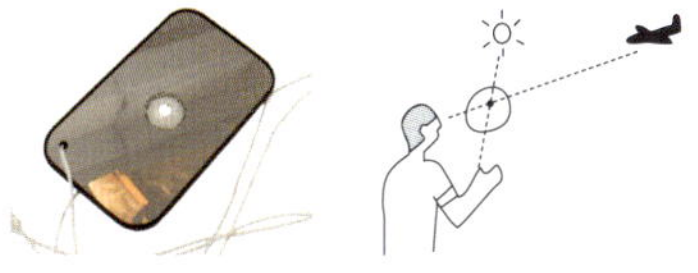	태양광선을 반사하여 조난위치를 알리는 신호용 거울
해양 염색체(sea dye marker)  	바닷물 색을 일시적으로 변하게 하여 조난위치를 알리는 해양 염색체
연기 불꽃 신호기(smoke/flare) 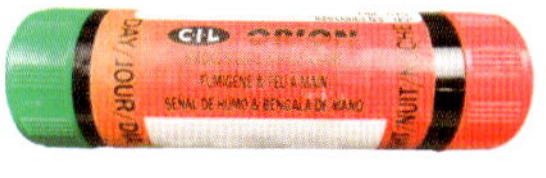 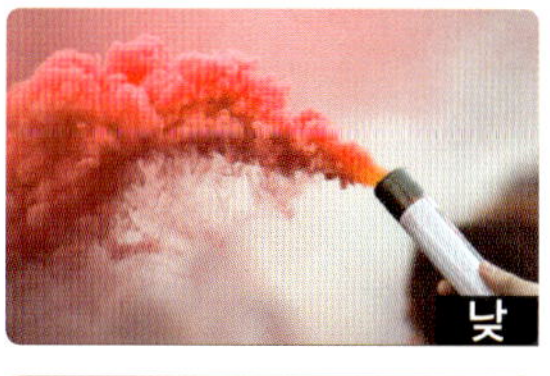 	낮에는 연기(smoke), 밤에는 불꽃(flare)을 발생시켜 조난위치를 알리는 신호장비
호루라기(whistle) 	소리를 이용해서 조난위치를 알리는 신호장비

생존용 장비(Survival equipment)

장비	용도
시 워터 디솔팅 키트(sea water desalting kit) 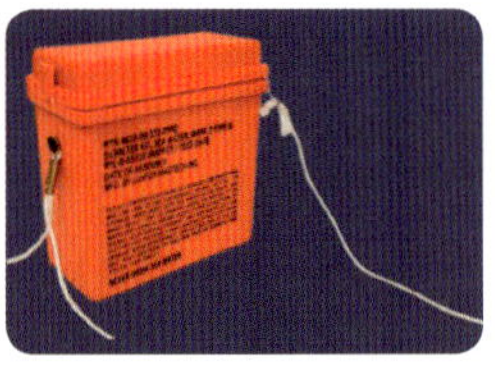	바닷물의 염분을 제거하여 식수로 정제하는 정수장비
비상의료상자 	비상용 구급약품들을 담은 의료상자
비상식(ration) 	식량 고갈 시 대처할 비상식량
워터 컨테이너(water container) 	식수 저장용기
생존 교범(survival book) 	오지 생존, 식량 고갈 시 대처 등 생존에 관한 설명서

구명정 설명서(raft manual) 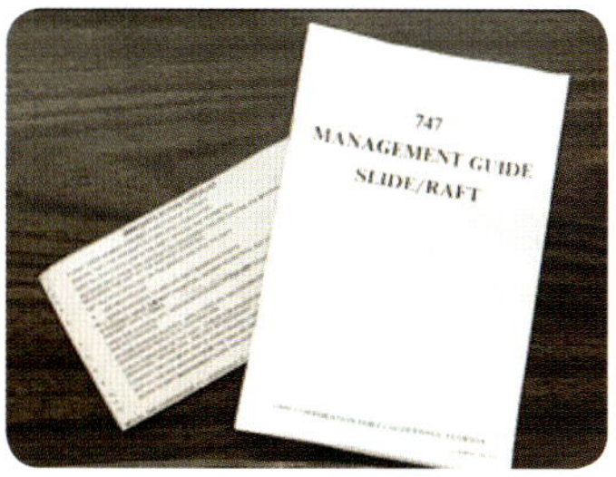 	구명정 사용법에 관한 설명서
나침반(compass) 	나침반
성경책(bible)  	성경책

Flight Safety Manual Based On AI-VR Simulation

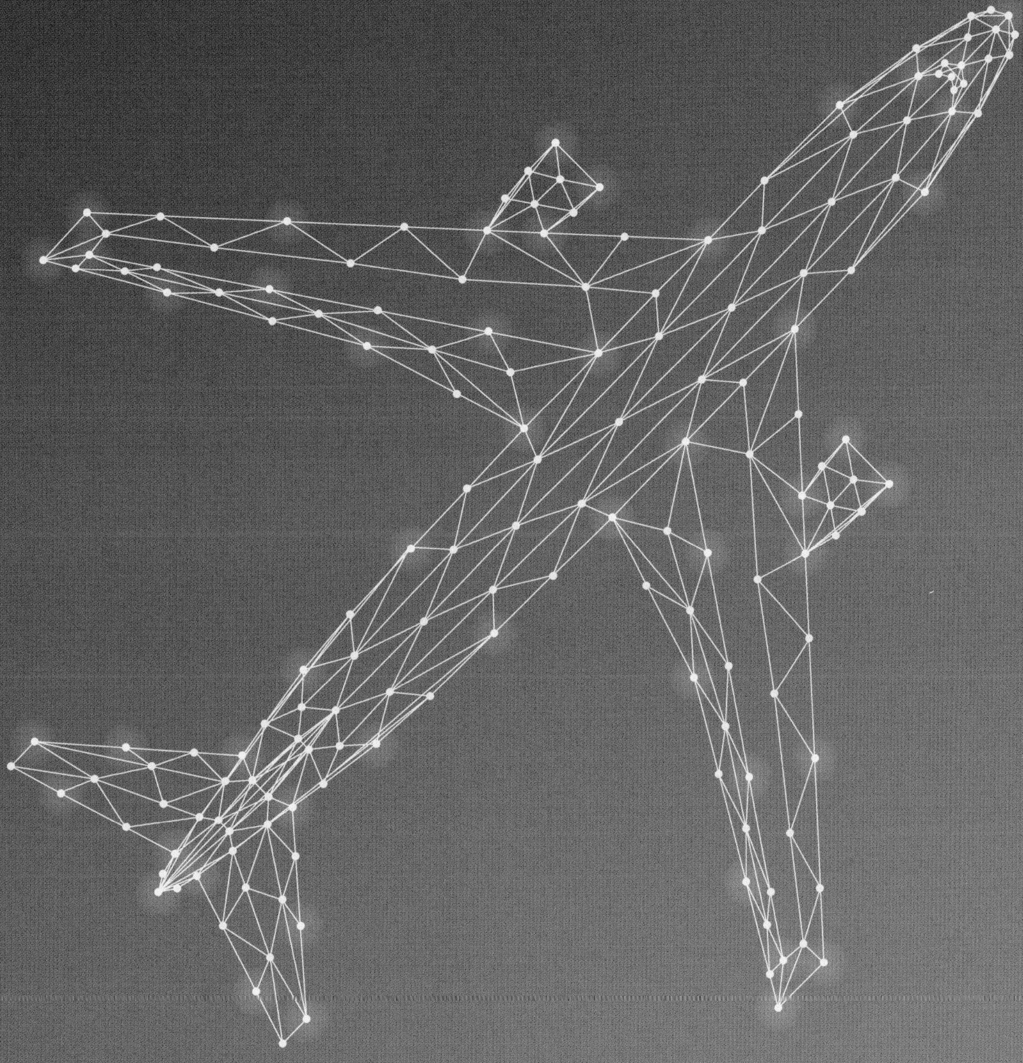

XIII

비상절차

XIII 비상절차(EMERGENCY PROCEDURES)

1 준비된 비상탈출(Planned Emergency Evacuation)

기내에서 비상탈출에 대해 준비하고 탈출하는 것을 '준비된 비상탈출(Planned Emergency Evacuation)'이라고 한다. 육지로 준비된 비상탈출하는 것을 '준비된 비상착륙(Planned Emergency Landing/Planned Emergency Landing on Terrain)'이라 하고, 수면으로 준비된 비상탈출하는 것을 '준비된 비상착수(Planned Emergency Ditching/Planned Emergency Landing on Water)'라고 한다.

객실승무원은 절차에 따라 기내 비상탈출 준비를 수행한다.

1) "ATTENTION CREW AT STATION"

기장이 "ATTENTION CREW AT STATION"의 지령을 내리면 객실승무원은 비상탈출 준비를 위해 각자의 crew station으로 돌아가 기장의 다음 지시를 기다린다.

2) "CABIN CREW REVERT TO NORMAL OPERATION"

기장의 "CABIN CREW REVERT TO NORMAL OPERATION"이란 지령은 비상상황이 종료되었다는 의미이다. 객실승무원은 기내로 돌아가 승객들을 안정시키고 정상업무로 전환한다.

"BRACE FOR IMPACT, BRACE FOR IMPACT"

기장이 좌석벨트 표시등을 4번 연속적으로 깜빡이고, "BRACE FOR IMPACT, BRACE FOR IMPACT" 음성지시를 내리면 객실승무원은 즉시 "자세를 취하시오, BRACE"를 연속적으로 외치면서 충격방지자세(Brace position)를 실시한다.

2 준비 안 된 비상탈출(Unplanned Emergency Evacuation)

기내에서 비상탈출 준비 없이 탈출하는 것을 '준비 안 된 비상탈출(Unplanned Emergency Evacuation)'이라고 한다.

육지로 탈출하는 것을 '준비 안 된 비상착륙(Unplanned Emergency Landing/Unplanned Emergency Landing on Terrain)'이라 하고, 수면으로 준비 안 된 비상탈출하는 것을 '준비 안 된 비상착수(Unplanned Emergency Ditching/Unplanned Emergency Landing on Water)'라고 한다.

3 준비된 비상탈출(Planned Emergency Evacuation)

기내준비절차

순서	절차	수행 세부내용
1	NITS 브리핑 – 기장과 객실사무장의 브리핑 "PURSER TO THE FLIGHT DECK"	• N: Nature of Emergency: 비상상황의 유형 (비행기 결함, 기상악화 등) • I: Intention of Caption: 기장의 의도 (비상착륙/비상착수) • T: Time Available: 착륙 전까지 준비시간 • S: Specific Instructions: 특별 시시사항
2	NITS 브리핑 – 객실사무장과 객실승무원의 브리핑	• 객실사무장이 기장의 NITS 브리핑 내용을 객실승무원에게 전달 • 비상상황에 대비하여 기내준비 지시
3	승객 브리핑	• 객실사무장이 기내방송으로 승객에게 상황과 지시사항을 설명
4	서비스용품 회수	• 승객 서비스용품 회수

5	승객안전점검	• 객실사무장의 기내방송 안내에 따라 비상탈출 시 방해가 되거나 위험이 될 가능성이 있는 물건(뾰족한 물품, 안경, 하이힐 등)을 수거
6	승객 휴대 수화물 보관상태 점검	• 내용, 규격, 무게에 따라 승객 휴대 수화물을 머리 위 선반이나 앞좌석 밑에 보관 • 비상착수 상황에서는 구명복(life vest) 착용
7	충격방지자세(Brace Position)	• 객실에서 승객 충격방지자세(brace position) 시연
8	비상탈출구	• 탈출 가능한 비상탈출구 위치 안내 • 비상등(emergency light) 위치 안내
9	안내지침서	• 안내지침서 내용과 보관위치 안내
10	협조자(ABP)	• 협조자(ABP) 선정 및 좌석 이동 • 협조자 임무 설명 • 도움이 필요한 승객(노약자, 몸이 불편한 승객, UM, 임신부 등)의 비상탈출 안내
11	기내 및 갤리 점검	• 승객 착석 및 좌석벨트 착용 여부 확인 • 머리 위 선반(overhead bin) 속 수화물 보관 및 잠금상태 확인 • 앞좌석 밑 수화물 보관상태 확인 • 비상구열 주위 및 통로 청결상태 확인 • 등받이(seat back), 식사 테이블(tray table), 발 받침대(foot rest), 팔걸이(arm rest), PVS 스크린 원위치 • 창문덮개(window shade) 열기 • 객실 커튼 열어서 고정(open & secure) • 갤리 안 서비스 카트, 케이터링 물품, 컨테이너 정위치 및 잠금상태 확인 • 갤리 안 오븐, 전기주전자 등 전기제품 전원 및 갤리 조명 끄기 • 화장실 내 승객 유무 확인 및 잠금상태로 변경
12	최종 점검	• 야간 시 기내 조명을 어둡게 조절(diming) • 기장에게 'CABIN READY' 보고 • 객실승무원 점프싯 착석 및 shoulder harness 착용 • 기내 비상등 점등(emergency light On)
13	충격방지자세	• 기장의 "BRACE FOR IMPACT, BRACE FOR IMPACT" 음성지시가 나오면 객실승무원은 충격방지자세를 취하면서 "자세를 취하시오, BRACE"를 연속해서 샤우팅(shouting)한다.

ABP(Able Bodied Passenger)

ABP(Able Bodied Passenger)는 비상상황이 발생했을 때 승무원을 대신하여 승객들의 비상탈출을 도와주는 협조자를 뜻한다. 객실승무원은 승객이 ABP로서 적합한 조건을 갖추었는지 확인하고, 승객이 ABP로서의 임무를 수행하는 것에 동의하면 수행절차에 대해 안전브리핑을 제공한다.

ABP 안전브리핑 내용

- ABP 탈출 순서
- 비행기가 완전히 정지하고 기장의 탈출지시가 있을 때 비상탈출 시작
- 비상구의 위치와 사용법
- 비상구는 비상탈출 상황에서만 열어야 함
- 비상문을 열기 전 외부환경 확인
- 비상 탈출 음성지시 및 수신호
- 이스케이프 슬라이드 팽창 확인
- 객실승무원이 심각한 상해로 탈출이 불가하거나 의식을 잃었을 경우(incapacitated situation) 객실승무원을 데리고 비행기 탈출

비상착륙/착수 시 안전브리핑

객실승무원이 객실사무장의 안내방송에 따라 각각의 담당구역에서 시연한다.

승객의 좌석벨트 착용 여부, 좌석 등받이, 식사 테이블, 발걸이, 팔걸이의 원위치, 창문덮개 열림상태 등을 점검한다.

넥타이, 스카프, 뾰족한 물건, 하이힐 등은 승객 가방이나 구토봉지에 넣어 머리 위 선반 속에 보관하거나 기내 후미 화장실에 보관하고 잠근다. 비상착수 시 구명복(life vest)을 착용하고 탈출 직전에 부풀린다. 단, 어린이는 기내 안에서 부풀린다. 유아를 동반한 승객은 객실승무원이 갤리로 안내하여 유아의 유아용 구명복 착용을 돕는다. 비상구열 근처와 통로에 수화물이나 장애물이 있는지 최종 점검한다.

승객 충격방지자세(Passenger Brace Position)

충격방지자세(brace position)는 비행기가 착륙할 때 신체에 미치는 충격을 감소시켜 생명을 보호하고 상해를 줄일 수 있도록 취하는 자세이다.

충격방지자세는 비행기가 착륙하여 완전히 정지할 때까지 유지한다.

승객	충격방지자세(Brace position)
일반 좌석	• 양손을 교차하여 앞좌석 머리받이(head rest) 상단에 놓고 손등에 이마를 기댄다. • 다리를 앞으로 살짝 내밀고 양 발바닥을 바닥에 밀착시킨다. 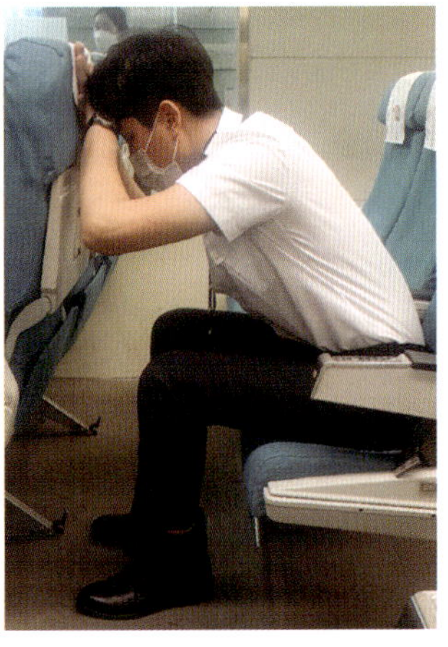
벌크헤드 뒷좌석 / 최전방 좌석	• 벌크헤드(bulkhead) 뒷좌석이나 객실 최전방 좌석에 앉은 승객은 허리를 숙이고 머리를 무릎에 댄다. • 양팔로 허벅지를 감싸거나 발목을 잡는다. 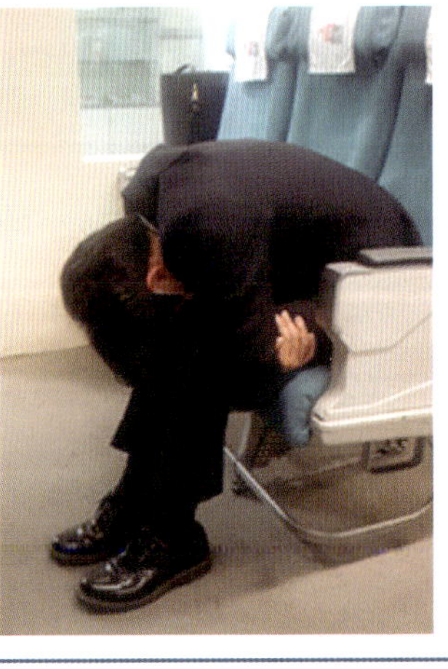 

승무원 충격방지자세(Cabin Crew Brace Position)

기장이 좌석벨트 표시등을 4번 연속적으로 깜빡이고 "BRACE FOR IMPACT, BRACE FOR IMPACT" 음성지시를 내리면 객실승무원은 즉시 충격방지자세를 취하는 동시에

"자세를 취하시오, BRACE"

를 비행기가 완전히 멈출 때까지 연속적으로 샤우팅(shouting)한다.

준비되지 않은 비상상황에서 비행기가 충격을 받았을 경우, 객실승무원은 즉시 충격방지자세를 실시하는 동시에

"머리 숙여, HEAD DOWN"

"발목 잡아, GRAB YOUR ANKLE"

을 비행기가 완전히 멈출 때까지 연속적으로 샤우팅(shouting)을 한다.

일반적으로 기장으로부터의 "BRACE FOR IMPACT, BRACE FOR IMPACT" 음성지시는 충격 1분 전(고도 1,000ft)에 전달된다.

객실승무원 충격방지자세(Cabin Crew Brace Position)

객실승무원	충격방지자세(Brace position)
전방(FWD Facing)	• 허리를 곧게 세우고 등을 등받이에 붙인다. • 머리를 숙여 턱이 가슴 쪽에 오게 한다. • 양 손바닥을 위로 향하게 하여 허벅지 밑에 넣는다. • 다리를 살짝 앞으로 내밀고 양 발바닥을 바닥에 밀착한다. 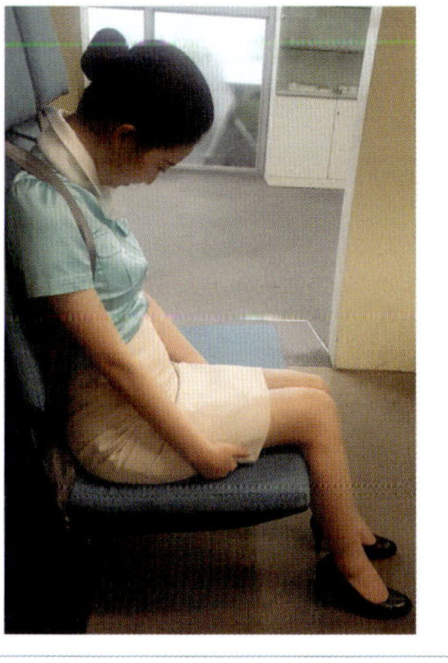

<table>
<tr><td>후방(AFT Facing)</td><td>• 뒤통수를 머리받이(head rest)에 밀착한다.
• 양 손바닥을 위로 향하게 하여 허벅지 밑에 넣는다.
• 다리를 살짝 앞으로 하고 양 발바닥을 바닥에 밀착한다.
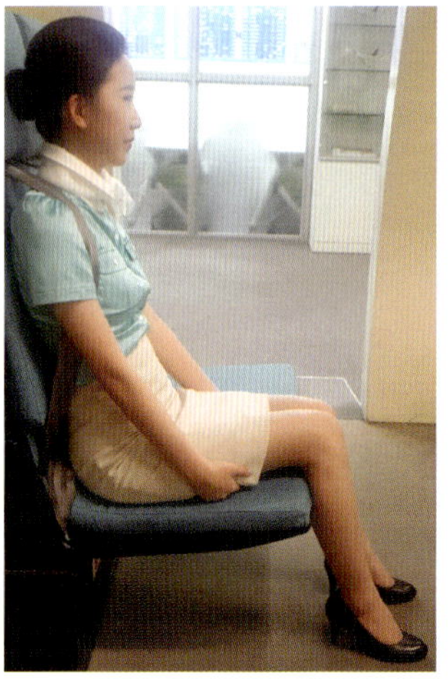</td></tr>
</table>

객실승무원 비상탈출구호(Evacuation Command)

기장이 비상탈출 신호음(EVAC horn)과 탈출 음성지시를 내리면 객실승무원은 즉시 비상탈출구호를 샤우팅(shouting)하면서 승객 탈출수행을 실시한다.

객실승무원의 비상탈출구호는 승객들의 신속하고 정확한 비상탈출을 돕는 중요한 요소이다. 비상탈출구호는 단호하고 큰 목소리로 샤우팅(shouting)해야 승객들에게 효과적으로 전달될 수 있다.

준비된 비상착륙(Planned Emergency Landing/Planned Emergency Landing on Terrain)

시점	비상탈출구호(Evacuation Command)
기장의 "BRACE FOR IMPACT, BRACE FOR IMPACT"	"자세를 취하시오, BRACE"
기장의 "EVACUATE, EVACUATE" 부터 점프싯을 벗어날 때까지	기장의 "EVACUATE, EVACUATE" 부터 점프싯을 벗어날 때까지
점프싯을 벗어났을 때부터 탈출구를 개방할 때까지	"벨트 풀어, OPEN YOUR SEATBELT" "짐 버려, LEAVE EVERYTHING" "이쪽으로, COME THIS WAY"

탈출구가 사용불가일 때	"사용불가, NO EXIT" "화재발생, FIRE" "저쪽으로, GO THAT WAY"
탈출구를 열고 이스케이프 슬라이드가 완전히 펼쳐진 후부터 탈출이 완료될 때까지	"뛰어, JUMP AND SLIDE"

준비된 비상착수(Planned Emergency Ditching/Planned Emergency Landing on Water)

시점	비상탈출구호(Evacuation Command)
기장의 "BRACE FOR IMPACT, BRACE FOR IMPACT"	"충격방지자세, BRACE BRACE"
기장의 "EVACUATE, EVACUATE 부터 승무원이 점프싯에서 일어날 때까지	"비상탈출, EVACUATE"
탈출구를 개방할 때까지	"벨트 풀어, OPEN YOUR SEATBELT" "짐 버려, LEAVE EVERYTHING" "이쪽으로, COME THIS WAY"
탈출구가 사용불가일 때	"사용불가, NO EXIT" "화재발생, FIRE" "저쪽으로, GO THAT WAY"
탈출구 개방 후부터 탈출 완료 시까지	"구명복 부풀려, INFLATE LIFE VEST"
	"안쪽으로, GET INTO RAFT"

준비 안 된 비상착륙(Unplanned Emergency Landing/Unplanned Emergency Landing on Terrain)

시점	비상탈출구호(Evacuation Command)
기장의 "BRACE FOR IMPACT, BRACE FOR IMPACT"	"머리 숙여, HEAD DOWN" "발목 잡아, GRAB YOUR ANKLE"
기장의 "EVACUATE, EVACUATE" 부터 점프싯을 벗어날 때까지	"비상탈출, EVACUATE"
점프싯을 벗어났을 때부터 탈출구를 개방할 때까지	"벨트 풀어, OPEN YOUR SEATBELT" "짐 버려, LEAVE EVERYTHING" "이쪽으로, COME THIS WAY"
탈출구가 사용불가일 때	"사용불가, NO EXIT" "화재발생, FIRE" "저쪽으로, GO THAT WAY"
탈출구를 열고 이스케이프 슬라이드가 완전히 펼쳐진 후부터 탈출이 완료될 때까지	"뛰어, JUMP AND SLIDE"

준비 안 된 비상착수(Unplanned Emergency Ditching/Unplanned Emergency Landing on Water)

시점	비상탈출구호(Evacuation Command)
기장의 "BRACE FOR IMPACT, BRACE FOR IMPACT"	"머리 숙여, HEAD DOWN" "발목 잡아, GRAB YOUR ANKLE"
기장의 "EVACUATE, EVACUATE" 부터 점프싯을 벗어날 때까지	"비상탈출, EVACUATE"
점프싯을 벗어났을 때부터 탈출구를 개방할 때까지	"벨트 풀어, OPEN YOUR SEATBELT" "짐 버려, LEAVE EVERYTHING" "이쪽으로, COME THIS WAY"
탈출구가 사용불가일 때	"사용불가, NO EXIT" "화재발생, FIRE" "저쪽으로, GO THAT WAY"
탈출구를 열고 이스케이프 슬라이드가 완전히 펼쳐진 후부터 탈출이 완료될 때까지	"구명복 부풀려, INFLATE LIFE VEST"
	"안쪽으로, GET INTO RAFT"

객실승무원의 비상탈출 개시

비상탈출 결정은 운항승무원의 판단으로 이루어진다. 그러나 다음의 돌발상황(catastrophic situation)에 직면한 경우에는 운항승무원의 지시를 기다리지 않고 객실승무원의 판단으로 비상탈출을 결정할 수 있다.

- 심각한 화재(severe fire)
- 위협적인 수준의 짙은 연기(dense smoke)
- 동체의 심각한 구조적 손상(structural damage)
- 비행기가 수중으로 가라앉을 때(aircraft sinking)

조종실 탈출

비상상황에서 조종실에서 비행기 밖으로 탈출해야 하는 경우 조종실 천장에 위치한 플라이덱 해치(Flight deck hatch)를 이용하여 탈출한다.

▶ 플라이덱 해치(flight deck hatch) 탈출

① 플라이덱 해치(flight deck hatch) 커버를 벗긴다.

② 플라이덱 해치(flight deck hatch)의 핸들을 돌려 플라이덱 해치(flight deck hatch)문을 연다.

③ 이스케이프 릴(escape reel)보관함을 열어 이스케이프 릴(escape reel)을 잡고 밖으로 탈출한다.
이스케이프 릴(escape reel)은 한번 당겨지면 다시 넣을 수 없다.

비상상황에서 플라이덱 해치(Flight deck hatch)를 이용하여 항공기 밖으로 탈출이 불가한 경우에는 조종실 문 하단에 설치된 이스케이프 패널(escape panel)을 통해 객실로 진입한 후 기내 탈출구를 통해 탈출한다.

▶ 이스케이프 패널(escape panel) 탈출

① 이스케이프 패널(escape panel)을 발로 힘껏 걷어찬다.

② 이스케이프 패널(escape panel)이 열리면 몸을 낮추어 조종실 밖으로 나간다.

4 감압(Decompression)

고도가 높아질수록 대기압은 낮아진다. 감압은 기체의 압력이 대기압 이하로 낮아져 더 이상 압력을 유지할 수 없는 현상을 뜻한다.

1) 감압의 원인

- 감압 시스템의 기술적 오류(technical problem)
- 비행기의 구조적 손상
- 항공기 도어가 제대로 닫히지 않았을 경우(incorrectly sealed doors)

2) 감압의 종류

① **완만한 감압(slow decompression)**

기내의 압력이 서서히 빠져나가는 현상을 말한다. 완만한 감압은 비상구나 창문 주위 이음새의 틈을 통해 기내압력이 빠져나가거나 여압장비(pressurization system)의 고장으로 발생할 수 있다.

② 급격한 감압(rapid decompression)

빠르게 기내 압력이 빠져나가는 현상을 말한다. 급격한 감압은 비행기 외벽의 구조적 손상, 폭발물의 폭발, 화기류의 발사 등으로 발생할 수 있다. 심각한 경우 폭발적인 감압형태로 나타날 수 있다.

3) 감압의 현상

① 완만한 감압(Slow Decompression)의 현상

- 귀가 멍한 느낌이 든다.
- 쉬익 하는 바람 새는 소리(hissing sound)가 난다.

② 급격한 감압(Rapid Decompression)의 현상

- 열린 부근에서 굉음 발생(loud bang)
- 소음이 점점 커짐
- 객실온도 하강
- 외부에서 차가운 공기 유입
- 기내에 안개 발생
- 먼지 덩어리와 잔해들이 날아다님
- 고막이 막히거나, 막혔다가 뚫림
- 폐에 압력이 가해져 숨쉬는 것이 어려워짐
- 말하는 것이 어려워짐
- 신체 내 가스 발생으로 인한 복부 팽만

4) 조치사항

감압 발생 시 객실의 자동적인 조치사항

▶ 산소마스크 DROP

만약 비행기가 여압(pressurization)에 실패하고 객실 기압이 14,000ft를 초과하면 객실에서 산소마스크가 자동으로 떨어진다.

▶ 좌석벨트 표시등 ON

▶ 금연 표시등 ON

▶ 기내 천장의 조명 ON

▶ 감압 안내방송 ON

- "비상 강하 중"
- "ATTENTION EMERGENCY DESCENT"
- "마스크를 코와 입에 대고 벨트를 매십시오"
- "PUT THE MASK OVER YOUR NOSE AND MOUTH, FASTEN TOUR SEAT-BELT"

▶ 급격한 감압 시 객실 내의 안개 발생으로 인해 화장실 안의 연기감지기(smoke detector)가 작동할 수 있다.

5) 운항승무원의 조치사항

- 감압 발생 즉시 운항승무원은 산소마스크를 착용해야 한다.
- 안전한 고도(10,000ft)로 비상 강하비행을 시작한다.
- 기내방송으로 강하비행을 알린다.

6) 객실승무원의 조치사항

객실서비스 중이 아닐 때

① 가까운 산소마스크를 착용한다.

② 가까운 좌석에 착석한다. 빈 좌석이 없는 경우, 승객 좌식 사이의 필길이에 잎아 자세를 낮춘다.

③ 자동 감압안내방송이 나오지 않는 경우 산소마스크를 착용하고 좌석벨트를 매도록 승객들에게 지시한다.

- "산소 마스크 당겨 쓰세요, PUT MASKS ON"

- "벨트 매세요, FASTEN SEATBELT"

객실서비스 중일 때

▶ 완만한 감압(slow decompression)

① 서비스를 중단하고 모든 물품을 정위치에 가져다 놓는다.

- 서비스 카트는 갤리로 가져가 정위치에 가져다 놓고 안전하게 보관한다.
- 음료의 내용물을 버리고 정위치에 안전하게 보관한다.
- 갤리를 정리한다.
- 기내를 정리한다.

▶ 급격한 감압(rapid decompression)

① 감압 발생 즉시 서비스 카트를 통로에 사선으로 놓고 잠금장치를 채운다.

② 서비스 카트 위에 있는 뜨거운 음료는 카트 안에 넣고 안전하게 닫는다.

③ 서비스 카트 안에 넣을 공간이 없을 때는 바닥에 뜨거운 음료를 붓는다.

④ 자신의 점프싯으로 돌아가 산소마스크를 착용하고 자리에 앉아 좌석벨트를 착용한다. 만약 점프싯이 멀리 떨어져 있을 경우 가까운 좌석의 산소마스크를 착용하고 착석한다. 빈 좌석이 없는 경우, 승객 좌석 사이의 팔걸이에 앉아 자세를 낮춘다.

7) 감압 발생 이후 조치사항

"KEEP MASKS ON"

기장의

"KEEP MASKS ON"

안내방송이 나오면 객실승무원은 다음 사항을 수행한다.

- 동료의 상태를 확인한다.
- 머리 위 산소마스크를 착용한 상태로 휴대용 산소통을 가져가기 위해 이동
- 휴대용 산소통을 작동하여 산소를 공급받는다.
- 산소마스크를 착용하지 못한 승객의 산소마스크 착용을 돕고, 산소마스크가 떨어

지지 않아 사용하지 못한 승객에게 앞뒤 좌석열에 있는 여분의 산소마스크를 당겨 착용하도록 안내한다.

- 산소마스크가 떨어지지 않은 좌석의 경우 MRT(Airbus) 또는 뾰족한 물건(Boeing)을 이용하여 산소마스크를 떨어뜨린다.
- 유아 동반 승객은 보호자가 먼저 산소마스크를 착용한 후에 유아의 착용을 도울 수 있도록 안내한다.

"KEEP MASKS OFF"

기장의

"KEEP MASKS OFF"

안내방송이 나오면 객실승무원은 다음 사항을 수행한다.

▶ 동료와 승객의 상태를 확인한다.

▶ 승객과 객실 점검을 점검한다.

- 비행기 동체에 파손이나 균열이 있는 경우, 바람이 들어오거나 위험한 구역으로부터 승객들을 안전한 구역으로 이동시킨다.
- 의료처치가 필요한 승객에게 휴대용 산소통의 산소를 제공하고 적절한 응급처치를 시행한다.
- 승객들을 안정시킨다.
- 화장실 안에 승객이 있는지 확인한다.
- 화재 또는 기타 위험요소의 여부가 있는지 확인한다.
- 사용한 산소마스크와 사용하지 않았지만 떨어진 산소마스크는 보관함에 다시 넣지 않는다.
- 기내와 갤리를 안전하게 정리하고 승객의 좌석벨트 착용 여부를 확인한다.

▶ 객실사무장에게 보고한다.

"CABIN CREW TAKE YOUR SEATS"

기장의

"CABIN CREW TAKE YOUR SEATS"

안내방송이 나오면 하던 일을 멈추고 즉시 자신의 점프싯에 돌아가 착석하고 shoulder harness를 착용한다.

저산소증(Hypoxia)

감압(decompression)이 심해지면 저산소증(hypoxia)이 발생할 수 있다. 저산소증은 산소부족 현상으로 특정 고도에서 공기의 밀도와 산소의 분압이 너무 낮아지게 되었을 때 발생한다. 산소 운반과 대사과정의 장애로 인해 혈액세포에 산소 공급이 적정하게 이루어지지 않으면 산소가 정상치 이하로 감소하게 된다.

인간의 뇌는 충분한 산소 공급이 없이는 기능하지 못하기 때문에 산소결핍이 계속되면 의식을 잃을 수 있고, 이러한 현상이 지속되면 영구적인 뇌 손상이 초래될 수 있다.

저산소증의 증상

- 집중력 저하
- 손과 발이 따끔거리는 느낌
- 두통과 어지럼증
- 시야가 흐려짐
- 나른함
- 식은땀
- 불분명한 발음
- 빠른 호흡 및 심박
- 판단력 장애
- 정서불안
- 환각

- 의식 상실
- 호흡 정지

저산소증 대처법

객실승무원들은 저산소증의 증상을 인지하는 즉시 승객들에게 산소를 제공해야 한다. 일반적으로 산소 공급을 받으면 몇 분 이내에 회복하게 된다.

TUC(Time of Useful Consciousness)

TUC(Time of Useful Consciousness)는 유효의식시간을 의미한다. 유효의식시간이란 감압이 발생한 시점부터 신체의 산소가 부족해져서 효과적인 행동을 적절히 수행할 수 없게 되기까지의 일반적인 소요시간을 말한다. TUC를 초과할 경우 정상적인 행동을 할 수 없게 되는데 이로 인한 이상 증상이 발생하면 치료가 어려워지므로 무엇보다 예방이 중요하다.

비행기 객실 고도별 TUC

객실고도	TUC(Time of Useful Consciousness)	
	급격한 감압	완만한 감압
20,000ft	8~10분	15분
30,000ft	30초~1분	1~2분
40,000ft	15~20초	15~20초

고도에 따른 증상

- 10,000~20,000ft: 정신적 장애(mental impairment), 환각증세가 발생하여 위험에 대한 지각과 상황을 바로잡을 수 있는 능력이 결여됨
- 20,000~30,000ft: 근육 사용의 어려움을 느끼다가 쓰러짐
- 30,000~40,000ft: 무의식과 사망

TUC에 영향을 주는 요인

① 객실고도

- 객실고도가 높을수록 TUC는 단축된다.

② 건강상태

- 정신적, 신체적 피로도가 높을수록 TUC가 단축될 수 있다.
- 음주는 TUC를 단축시킬 수 있다.

③ 활동량

- 활발한 신체활동은 산소 요구량을 증가시켜 TUC가 단축될 수 있다.

5 연기와 화재(Smoke and Fire)

기내화재는 항공기를 빠르게 손상시키고, 생명을 위협하는 치명적인 위험요소이다. 따라서 화재 예방이 무엇보다 중요하다. 연기 또는 화재가 발생할 경우 객실승무원은 적극적인 의사소통과 협업을 바탕으로 화재진압을 수행해야 한다.

화재의 속성

객실승무원은 화재의 속성이 파악되는 즉시 적절한 소화기를 선택하여 화재를 진압해야 한다.

불의 3요소

불은 다음의 3가지 조건이 모두 충족되었을 때 발생한다. 즉, 3가지 요소 중 한 개만 제거해도 화재는 진압된다.

- 산소(oxygen)
- 열(heat)
- 연료(fuel)

화재 유형별 소화기 사용

유형(Class)	물질(Materials)		소화기
A	고체	천 종이 가방 나무 플라스틱	H_2O 소화기 Halon 소화기
B	기름	가연성 액체 (가솔린, 오일, 기름)	Halon 소화기
C	전기	오븐 객실 조명	Halon 소화기

기내화재 예방

기내의 연기 및 화재를 예방하기 위해 객실승무원은 가능한 모든 잠재적 위험요소를 제거해야 한다. 화재는 초기단계에 감지하여 진압하는 것이 중요하다.

▶ 객실 연기 및 화재의 원인

- 전기화재(과부하, 합선, 누전 등)
- 오븐 과열
- 오븐 내 이물질이나 음식
- 고의적인 방화
- 부주의한 화기 사용

▶ 객실 정기점검

- 객실 전반을 지속적으로 점검한다.
- 화장실은 최소 60분마다 점검한다. 화장실 안의 연기감지기, 쓰레기통 안, 쓰레기통 뚜껑이 제대로 닫혔는지 여부를 확인한다.
- 승객들의 수상한 행동이 있는지 모니터링한다.
- 객실 내 금연규정이 지켜지는지 모니터링한다.
- Circuit Breaker(회로차단기)의 합선이나 오작동 여부를 점검한다.
- 불꽃 또는 이상한 냄새가 나는지 점검한다.
- '팍팍' 터지거나 깨지거나 '지지직' 하는 등의 전기가 흐르거나 합선되는 소리가 나는지 확인한다.
- 눈이 따갑거나, 목이 아프거나 두통을 호소한다면 가스누출을 의심해야 한다.

▶ 연기와 화재 방지를 위한 오븐 사용 시 주의사항

- 오븐 사용 전에 오븐 안을 점검한다.
- 오븐은 기내식을 데우는 용도로만 사용한다.
- 오븐 안 음식 찌꺼기를 제거한다.
- 오븐 칸(insert)을 사용한다.

• 오븐 안에 종이 라벨, 비닐 등 음식 이외의 외부 물질을 넣지 않는다.

▶ 화재 진압절차

기내화재를 진압하기 위해서는 객실승무원 최소 3명의 협업이 필요하다. 객실승무원들은 동시다발적으로 역할을 수행하여 화재를 진압한다. 신속하고 안전한 화재진압이 이루어지기 위해서는 객실승무원과 운항승무원 사이의 지속적인 의사소통이 이루어져야 한다.

▶ 화재 발생 시 기내 조치사항

기내에 심각한 화재가 감지되면 객실 환기 시스템(Cabin Ventilation System)이 작동해 객실의 연기를 제거한다. 운항승무원은 화재 발생이 감지되는 즉시 조종실에 설치된 산소마스크를 착용하고 착륙이 가능한 곳에서의 비상착륙을 위해 강하 비행을 시작한다.

조종실 산소마스크

▶ 화재 진압 시 객실승무원의 역할

• Fire Fighter: 최초로 화재를 발견한 객실승무원이 화재진압자 역할을 수행한다.

• Back-up: Fire Fighter의 화재 진압을 도와준다.

• Communicator: 기장에게 화재 발생상황을 보고하고 승객을 통제한다.

역할별 화재 진압절차

	화재 진압 역할		
	Fire fighter	Back-up	Communicator
1	Back-up에게 화재 발생을 알리고 도움을 요청한다.	추가적으로 화재진압장비(소화기, PBE, 방화장갑 등)를 가져온다.	기장에게 화재발생 상황을 지속적으로 보고한다. • 화재 발생장소 • 화재의 특성, 색, 냄새 등 • 화재진압 여부 • 사용한 소화기의 수 • 기내와 승객의 상태
2	화재진압장비(소화기, PBE, 방화장갑 등)를 가져온다.	연기가 심하게 발생하는 경우에는 PBE를 착용한다.	필요한 경우 기장에게 화재 발생구역의 전기전원 차단을 요청한다.
3	연기 및 화재의 진원지를 찾는다.	Fire Fighter의 화재진압을 도와준다.	연기가 심하게 발생하는 경우에는 PBE를 착용한다.
4	화재의 속성을 파악하고 화재 종류에 따라 적절하게 진화한다.		휴대용 산소통과 음료카트를 화재 발생 부근에서 먼 곳으로 옮겨 놓는다.
5	화재진압 후 화재 재발 방지를 위해 화재발생지 주변을 수시로 점검한다.		승객들을 안정시키고 화재 발생장소로부터 안전한 곳으로 이동시킨다. 승객들에게 안내 및 지시사항을 전달한다.
6			승객들에게 젖은 타월을 나눠주고 코와 입을 가리고 몸을 낮추도록 안내한다. 젖은 타월이 없을 경우에는 옷소매나 천을 이용하게 한다.
7			기장에게 지속적으로 상황을 보고한다.

기내화재 유형

▶ 오븐 화재

① 해당 오븐의 전원을 끈다.

② 소화기를 준비한다.

③ 산소를 차단하기 위해 오븐 문을 닫는다.

④ 필요시 PBE를 착용한다.

⑤ 자세를 낮추고 오븐 문 뒤로 몸을 숨긴 채 오븐 문을 조금 열고 소화기를 분사한다.

⑥ 오븐 문을 닫는다. 화염이 머리카락에 옮겨 붙지 않도록 주의한다.

⑦ 오븐 속 불이 진화될 때까지 위의 절차를 반복한다.

⑧ 화재가 진압된 후 기장의 지시가 있을 경우 Circuit Breaker(회로차단기)의 전원을 끈다.

▶ 오븐 연기

① 해당 오븐의 전원을 끈다.

② 소화기를 준비한다.

③ 연기가 사라질 때까지 오븐 문을 열지 않고 대기한다.

④ 화재가 진압된 후 기장의 지시가 있을 경우 Circuit Breaker(회로차단기)의 전원을 끈다.

* 주의사항

연기만 발생하는 경우 halon 소화기를 분사하지 않는다.

▶ 화장실 화재(lavatory fire)

화장실에서 화재가 발생하면 화장실 쓰레기통 안에 설치되어 있는 Automatic Fire Extinguisher가 자동으로 소화액을 분사한다. 연기가 완전히 제거될 때까지 FAP(FORWARD ATTENDANT PANEL)에 표시된 화재 경고창은 사라지지 않는다. 화장실의 화재경보기(smoke detector)가 울리거나 연기 등 화재의 징후가 감지된 경우 다음의 화재진압 절차를 수행한다.

① 소화기를 준비하여 화재가 감지된 화장실로 간다.

② 화장실 문 위에 설치된 버튼을 눌러 경보기 소리를 해제한다.

③ 화재 화장실 안에 사람이 있는지 확인하고 손등을 이용하여 화장실 내부의 온도

를 감지한다.

④ 자세를 낮추고 화장실 문을 조금 열어 화재 정도를 파악하고 화재 근원을 확인한다. 화장실 문을 열 때 화염이 번져 나올 수 있으므로 문 뒤로 몸을 낮추어 최대한 보호한다.

⑤ 화장실 문 사이로 소화기 주입구를 넣어 소화기를 분사한다.

⑥ 소화기 분사 직후 화장실 문을 닫는다.

⑦ 화장실 문을 조금 열어 화재 정도를 파악하고 화재가 진화될 때까지 위의 과정을 반복한다.

⑧ 어느 정도 화재가 진압되면 PBE를 착용하고 자세를 낮춘 상태에서 화장실 안으로 들어간다.

⑨ 화재의 근원을 찾는다. Class A 화재는 물로, 패널(panel) 뒤에서 발생한 화재는 halon 소화기로 진화하여 2차 화재 재발을 방지한다.

⑩ Back-up은 화재 진압도구를 추가적으로 가져와 Fire Fighter에게 공급한다. Fire Fighter가 지쳤을 때는 Back-up이 Fire Fighter의 역할을 수행한다.

⑪ Communicator는 화재가 완전히 진압될 때까지 기장에게 수시로 상황 보고를 한다.

⑫ 화재진압 후 해당 화장실을 폐쇄하고 화재 재발을 방지하기 위해 정기적으로 화장실 내부와 화장실 근처를 확인한다.

▶ 전기주전자 화재

① 전원을 끈다.

② 전기주전자를 전기열판으로부터 분리한다.

③ 전기주전자의 열기가 공기 중에서 식도록 놔둔다.

＊ 주의사항

- 전기제품에 화재가 발생하면 즉시 전원을 차단한다.
- 화재 진압 후에도 전원을 켜지 않는다.
- 전기주전자 화재 진압에는 절대 물을 사용하지 않는다.

▶ 리튬 배터리(Lithium batteries) 화재

① 가능하면 전자기기를 전원으로부터 분리한다.

② Halon 소화기로 불꽃의 아래를 조준하여 분사한다.

③ 불타거나 연기가 발생하는 장비를 잡거나 옮기지 않는다.

④ 화재가 진압되었는지 확인하고 필요시 위의 화재진압 과정을 반복한다.

⑤ 화재가 진압된 후에는 리튬 배터리의 열기가 완전히 제거될 때까지 빈 케이터링 컨테이너 또는 화장실 쓰레기통에 물을 담아 담가둔다.

⑥ 비행이 종료될 때까지 리튬 배터리의 상태를 계속해서 확인한다.

* 주의사항

배터리가 장착된 전자기기나 여타 배터리의 화재 진압 시에도 리튬 배터리 화재 진압절차에 따른다.

▶ 머리 위 선반 화재

① 손등을 이용하여 머리 위 선반의 열기를 감지한다.

② 몸을 낮추고 머리 위 선반의 문을 조금 연다.

③ 열린 틈 사이로 Halon 소화기의 주입구를 넣어 화재가 진압될 때까지 분사한다.

④ 가연성 화재와 배터리의 경우 화재가 진압되면 물로 다시 한 번 진화한다.

⑤ 화재 재발의 위험이 있는지 화재 발생 부근을 수시로 조사한다.

화장실 화재 경고표시(lavatory fire signs)

기내의 모든 화장실에는 연기감지기(smoke detector)가 설치되어 있어 연기나 화재가 감지되면 기내에 경고 표시(warning)가 나타난다.

연기감지기(smoke detector)

Airbus 기종의 경우 객실에 다음과 같은 경고 표시가 나타난다.

▶ 객실(Cabin)

- FAP(FORWARD ATTENDANT PANEL) 화면에 SMOKE LAV NO#가 나타난다.
- FAP의 SMOKE RESET 버튼과 해당 구역 AAP(ADDITIONAL ATTENDANT PANEL)의 SMOKE LAV 버튼에 빨간색 불이 들어온다.
- 해당 화장실 외부에 설치된 버튼에 노란색 불(amber light)이 깜빡인다.
- 해당 구역 ACP(AREA CALL PANEL)에 노란색 불(amber light)이 깜빡인다.
- 메시지(SMOKE LAVE L2)와 빨간색 불이 모든 AIP(ATTENDANT INDICATION PANEL)에 나타난다.
- HI Chime이 객실 전역에 연속적으로 울린다.

▶ 조종실(Cockpit)

- 주의 경고음(Caution Alert Sounds)과 마스터 경고등(Master Warning Light)이 켜진다.
- 'LAVATORY SMOKE' 메시지가 ECAM에 나타난다.

화재 경고음과 경고등이 나타나면 객실승무원은 즉시 화재진압을 실시해야 한다.

화재진압 상황이 종료되면 FAP 화면의 SMOKE RESET 버튼 또는 해당 구역 AAP의 SMOKE LAV NO#버튼을 누른다.

* 주의사항

- FAP 화면의 SMOKE LAV NO# 메시지는 연기가 완전히 제거되어야 사라지고

연기가 더 이상 감지되지 않으면 시스템에서 자동으로 Reset된다.

- 연기감지기(Smoke Detector)는 연기가 감지되면 다시 작동한다.

▶ Circuit Breaker(회로차단기)

Circuit Breaker(회로차단기)는 전기설비의 전기 과부화와 누전으로 인한 화재를 방지하기 위해 비정상적인 전기의 흐름이 감지되면 전원을 차단하는 장치이다.

＊ 사용방법

전기 과부화나 누전이 발생하면 Circuit Breaker(회로차단기)의 버튼이 자동으로 튀어나온다. Circuit Breaker(회로차단기)를 Reset할 때는 튀어나온 패널(Panel)의 검은색 버튼을 누른다.

＊ 주의사항

객실승무원은 기장의 지시 없이 Circuit Breaker(회로차단기)를 Reset하면 안 된다.

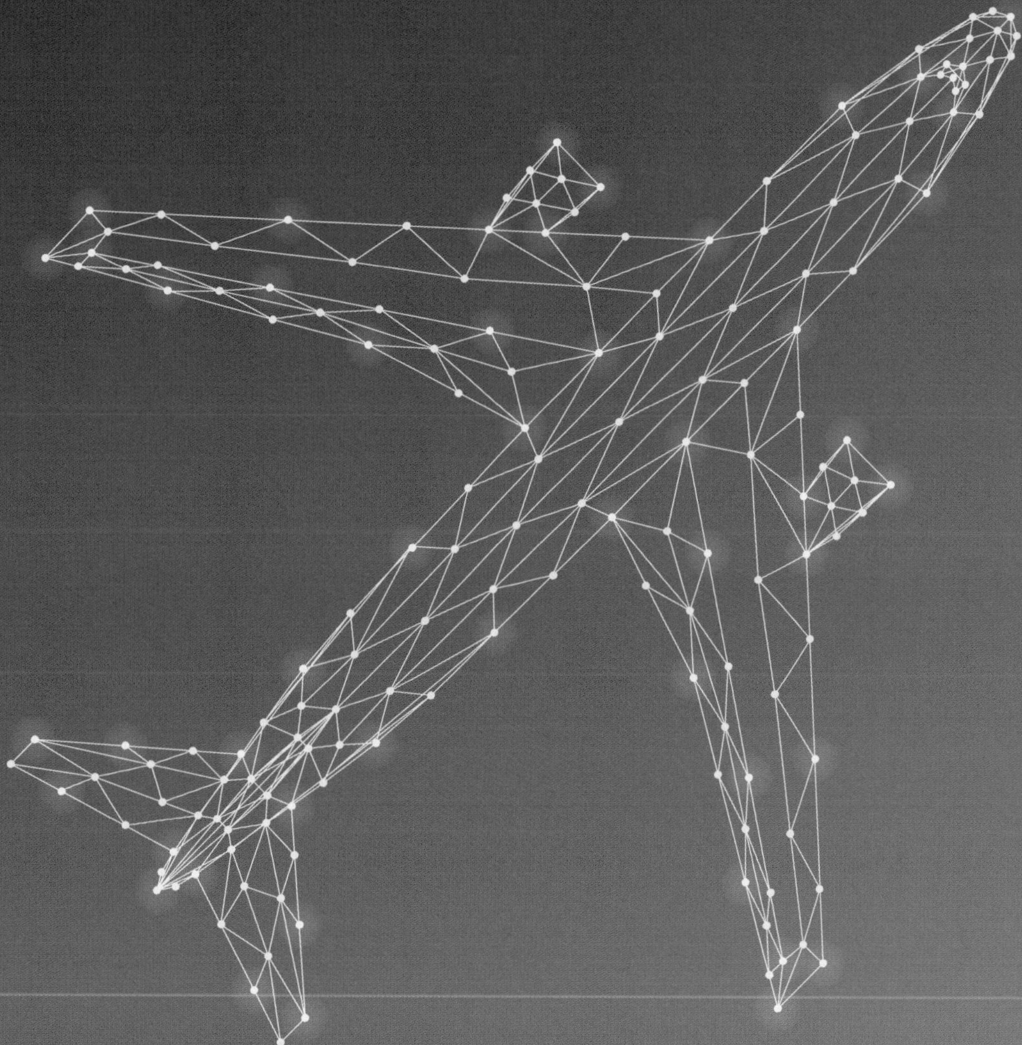

XIV
항공보안

XIV 항공보안(AVIATION SECURITY)

항공보안은 불법 방해행위나 위협으로부터 민간항공을 보호하기 위해 의심스러운 사람 및 물건 또는 그러한 환경을 조성하는 것들을 사전에 차단하는 대책을 마련하는 것을 말한다. 항공보안의 대상은 운항승무원, 객실승무원, ID카드를 소지하고 업무상 비행기를 출입하는 항공사 직원 및 지상 조업회사 직원, 해당편 탑승권을 소지한 승객, 항공안전 감독관 ID카드를 소지한 승객, 객실 시설물, 항공 객실 안전 및 보안장비 등이다.

항공보안용어

무료 휴대 수화물(carry-on baggage)

승객이 자신의 관리 책임하에 비행기 기내까지 직접 휴대하는 짐을 의미하며, hand carried baggage라고도 한다.

위탁 수화물(checked baggage)

항공사 카운터에서 부치는 짐을 말한다. 부쳐진 짐은 타고 가는 비행기의 화물칸에 실려 운송된다.

제한품목(SRI: Safety Restricted Item)

타인에게 위해를 가할 수 있고, 비행기 안전과 보안에 위험을 줄 가능성이 있는 물품으로 칼, 총포류, 골프채, 송곳, 건전지 등이 이에 포함된다. 제한품목으로 분류된 물품들은 기내 반입이 금지되므로 위탁 수화물(carried baggage)로 탁송해야 한다.

보안제한구역(security restricted area)

보안통제 조치가 필요한 보호구역을 의미한다. 보안검색 완료지역 활주로, 계류장, 관제시설, 화물청사 등과 같이 보다 엄격한 출입통제가 이루어진다.

항공보안검색요원(airport scurity screening officer)

승객, 휴대물품, 위탁 수화물, 항공화물 또는 보호구역에 출입하는 사람 등에 대하여 보안검색을 하는 공항관계자를 말한다.

불량 승객(disruptive passenger)

공항 또는 운항 중인 비행기에서 공항직원이나 승무원이 제시하는 규칙을 위반하는 승객을 말한다.

보호구역(airside)

공항의 이동지역, 이동지역과 인접한 지형 및 건물 또는 그 일부로서 일반인의 출입이 통제된 지역을 의미한다.

일반지역(landside)

공항지역 중 보호구역 이외의 지역으로 일반인의 출입이 가능한 지역을 의미한다.

보안청정구역(sterile area)

보안검색대에서부터 비행기에 이르기까지 일반인의 출입이 통제되는 모든 구역을 말한다.

뉴테러리즘(new-terrorism)

1999년 당시 미국방부가 후원하는 민간연구소인 '랜드(RAND)연구소'에서 처음 사용한 용어로 종래의 테러양상과 달리 무차별화, 대형화되는 현상을 지칭하는 말이다.

불법방해행위(acts of unlawful interference)

비행기의 안전운항을 저해할 우려가 있거나 운항을 불가능하게 하는 행위로서 다음 각 목의 행위를 말한다.

1) 지상에 있거나 운항 중인 비행기를 납치하거나 납치를 시도하는 행위
2) 비행기 또는 공항에서 사람을 인질로 삼는 행위

- 비행기, 공항 및 항행 안전시설을 파괴하거나 손상시키는 행위
- 범죄의 목적으로 비행기 또는 보호구역 내로 제21조에 따른 무기 등 위해물품을 반입하는 행위
- 지상에 있거나 운항 중인 비행기의 안전을 위협하는 거짓 정보를 제공하는 행위 또는 공항 및 공항시설 내에 있는 승객, 승무원, 지상 근무자의 안전을 위협하는 거짓 정보를 제공하는 행위
- 사람을 사망에 이르게 하거나 재산 또는 환경에 심각한 손상을 입힐 목적으로 비행기를 이용하는 행위

소프트 타깃(soft target)

백화점, 나이트클럽, 지하철역, 교통수단 등 경비 수준이 상대적으로 높지 않아 외부의 테러공격에 취약한 민간시설을 지칭한다.

하드 타깃(hard target)

정부시설, 외교공관, 군 시설 등 경비 수준이 상대적으로 높아 테러 공격이 쉽지 않은 정부 관련 시설을 지칭한다.

EOD(Explosive Ordnance Disposal)

EOD는 Explosive Ordnance Disposal의 약자로 폭발물 해체 전문가를 의미한다. EOD는 폭발물 또는 폭발물로 의심되는 물건이 발견되었을 때 즉각 출동하여 수거, 해체 처리 등의 임무를 수행한다.

비행기 보안점검(aircraft security check)

비행기 객실 및 화물칸 등 비행기의 내부를 철저히 점검하는 것을 말한다. 수상한 물품, 불법 방해행위를 하는 데 사용할 수 있는 무기 또는 폭발물 등 위험성이 있는 물품이 있는지 확인한다.

객실승무원의 비행기 보안점검

운항 전 · 후의 보안점검

운항승무원, 객실승무원, 정비사는 비행기 운항 전 · 후에 각각 지정된 구역의 보안점검을 실시한다.

- 운항승무원: 조종실
- 객실승무원: 캐빈, 주방, 화장실
- 정비사: 비행기 동체, 비행기 외부

객실승무원은 비행기 운항 전 · 후 각 담당구역별로 보안점검 check list에 따라 점검을 시행한다. 비행기 보안점검이 완료될 때까지는 승객이 탑승할 수 없다.

객실승무원은 비인가자의 탑승을 방지하기 위해 케이터링, 정비, 청소업체 등과 같이 승객을 제외한 해당 비행기 관련 업무를 수행하는 직원이 비행기에 탑승할 때 ID카드를 확인한다. 이때 ID카드의 사진과 유효기간을 반드시 확인해야 한다.

기내반입금지 위해물품

기내반입금지 위해물품

기내반입금지 위해물품이란 항공보안법 제21조(무기 등 위해물품 휴대금지) 및 관련규정에 따라 객실로 반입이 금지되는 물품을 말한다.

승객들은 칼, 총과 같은 무기류, 골프채와 같이 악용될 때 비행기, 승무원, 승객에게 위협이 될 소지가 있는 물건들은 객실 안으로 가지고 탑승할 수 없다. 이러한 기내반입 금지 위해물품들은 비행기 탑승 전에 공항 보안검색대의 보안검색에서 색출된다.

기내 보안장비

기내 보안장비는 비행기 운항 중 발생할 수 있는 불법 방해행위를 저지하기 위해 기내에 탑재된다. 기내 보안장비는 비인가자에게 발각 또는 접촉되었을 때 악용될 소지가 있으므로 기내 보안장비의 탑재위치에 장비표시가 없다.

기내 보안장비에는 가스분사기, 타이랩(tie-wrap), 올가미형 포승줄, 수갑, 비상벨, 방폭장비(방폭담요, 방탄재킷) 등이 있다.

객실승무원은 운항 전 · 후에 해당구역 보안장비의 보관위치와 상태를 점검해야 한다.

승객 보안점검

객실승무원은 승객이 탑승할 때 보안을 위해 승객의 동향을 점검해야 한다.

만약 승객이 위탁 수화물을 등록하고 탑승하지 않우 경우, 승객의 위탁 수화물을 하기한다.

또한, 비행 중에 안전운항을 저해하는 행위를 하는 승객이 있는지 점검하고 의심스러운 행동이나 돌발행동을 하는 승객이 있을 경우 기장에게 보고하고 예의 주시해야 한다.

객실승무원은 비행 중 주기적으로 기내 walk around를 하여 의심스러운 행동을 하는 승객이 없는지 모니터링한다.

객실승무원은 승객이 하기할 때, 승객들이 휴대품 일체를 휴대하고 하기하는지 살펴보고 하기 후 놓고 간 물건이 없는지 확인한다.

승객 모니터링 시 주의해서 보아야 할 사항

- 거동이 수상한 승객
- 탑승 후 갑자기 이유 없이 하기하려는 승객
- 포장상태가 조잡하거나, 포장 후 개봉한 흔적이 있는 수화물을 소지한 승객
- 탑승 후 즉시 화장실로 가는 승객
- 좌석배정 후 특별한 사유 없이 좌석을 옮기려는 승객
- 무엇을 숨기는 듯한 행동을 하는 승객
- 행위가 부자유스럽거나 승무원과의 대면을 기피하는 승객
- 승무원의 안내에 대해 과잉반응을 보이는 승객
- 주위 시선을 피하는 승객
- 승무원이 있는 곳을 주시하거나 갤리, 화장실 등 주위를 살피는 승객
- 조종실 주변을 배회하는 승객
- 작은 목소리로 대화하거나 멀리 있는 승객에게 특이한 신호를 보내는 승객
- 화장실 이용시간이 긴 승객
- 의자 밑에서 의심스러운 행위를 하는 승객

사보타주(Sabotage)

사보타주란 비행기를 의도적으로 파괴하는 행위를 뜻한다.

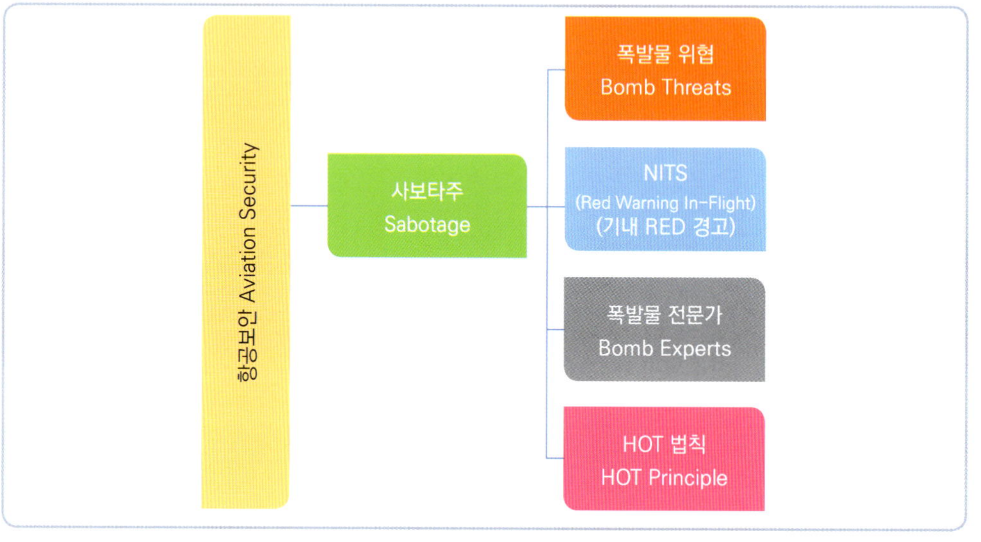

항공보안 사보타주

폭발물 위협(Bomb Threats)

기내 폭발물 발견

기내에 폭발물이나 폭발물로 의심되는 물체가 발견되었을 때 기장에게 즉시 이 사실을 알리고 기내방송을 통해 승객 중에 EOD가 있는지 찾는다.

점검 중 의심스러운 물건이 발견되었을 경우 행동수칙 3단계

- Don't touch(만지지 않기)
- Don't move(옮기지 않기)
- Inform Captain(기장에게 알리기)

항공보안 등급별 지침사항

단계	개념	지침사항
GREEN	• 목표물(target)을 식별할 수 없고 협박의 신뢰성이 떨어지는 모호한 단계 • 불법적인 위협이 낮은 일반적인 상황	• 기본적인 항공보안 업무 수행 • 비행기 비인가자 출입통제 • 비행기 내 철저한 보안장비 점검 수행 • 운항 전 기내 보안검색 실시 • 운항 전·후 조종실의 철저한 출입통제
YELLOW	• 목표물(target)이 있지만 협박의 신뢰성에 대해 의문이 드는 경고 • 비행기 납치 및 폭파위협 정보가 수집되고 비행기 안전운항에 어느 정도 위험이 있다고 판단되는 경계상황	• 서비스 카트, 서비스 물품, 면세품 카트 육안검색과 seal 파손여부 확인 • 도착지 및 경유지 공항 승객 하기 후 기내보안 점검실시 • 승무원 가방 및 소지품의 철저한 관리 • 운항 중 기내 모니터링 및 승객 동향파악 강화 • 비행기 내 탑재물의 철저한 관리
RED	• 목표물(target)을 식별할 수 있고 협박의 신뢰성이 높은 경고 • 비행기 또는 공항시설에 테러가 발생하였거나 발생이 임박한 비상상황	• 이륙 후 30분, 착륙 전 30분간 승객 자리 이탈 금지 • 조종실 부근 화장실 사용 금지 • 전 노선에 대해 운항 전 철저히 기내수색 • 서비스 카트, 서비스용품 등 seal 파손여부 및 seal 번호 확인

항공보안 등급별 보안점검 check list

구역	점검사항	등급별 A	등급별 B	등급별 C
객실	• 비상벨(attendant call button)	●	●	●
	• 좌석상단	●	●	●
	• 객실 비닥	●	●	●
	• 좌, 우측 벽면 및 창가	●	●	●
	• 출입구 및 주변 기계장치	●	●	●
	• coatroom	●	●	●
	• 잡지 진열대 및 보관장소		●	●
	• 비상장비 보관장소		●	●
	• life vest		●	●
	• 좌석 쿠션, 하단			●
	• 점프싯			●
	• 기타 천장 공간			

Galley	• 오븐, 냉장고, bar	●	●	●
	• 갤리 내 비치된 비상장비	●	●	●
	• 갤리 내 모든 보관공간	●	●	●
	• 벽면, 천장 및 바닥 부분	●	●	●
	• 쓰레기 압축기(trash compactor)		●	●
	• 제반 용기, 오븐 내부			●
	• 산소마스크			●
화장실	• 화장실 문, 벽면 및 천장 외부	●	●	●
	• 변기 주변	●	●	●
	• 휴지, 화장지 보관함		●	●
	• 개수대 및 하단 용기			●
	• 산소마스크 보관장소			●

A등급: GREEN 단계 발령 시
B등급: YELLOW 단계 발령 시
C등급: RED 단계 발령 시

NITS Briefing

항공보안경보가 RED인 경우 기장은 객실승무원에게 NITS Briefing을 실시한다.

NITS Briefing사항

- N: Nature of the Emergency 비상상황의 유형
- I: Intention of the Captain 기장의 의도
- T: Time Available to Landing 착륙까지 남은 시간
- S: Specific Instructions: 특별지시사항

폭발물 감정(bomb assessment)

기내에서 의심스러운 물체를 발견할 경우 'HOT' 법칙에 따라 폭발물을 감정한다.

▶ 'HOT' 법칙

- **H**: Is the item not **H**idden? 물품이 숨겨져 있었나?

- **O**: Is the item **O**bviously(unintentionally) left behind? 의도적으로 물품이 그 곳에 있었나?
- **T**: Is the item **T**ypical of this aircraft? 원래 비행기에 있어야 하는 물품인가?

폭발물 처리절차

기내에서 폭발물을 발견하는 경우, 객실승무원은 즉시 기장에게 알리고 폭발물의 정보를 상세하게 제공해야 한다.

▶ 폭발물 정보

- 폭발물의 모양과 크기
- 폭발물 유형과 수량
- 폭발물의 발견위치
- 기타 폭발물과 관련된 정보

운항 전 폭발물 발견 시 처리절차

- 승객의 탑승을 즉시 중지한다. 이미 탑승한 경우라면 승객을 폭발물에서 멀리 떨어진 곳으로 이동시키고 가능하다면 하기시킨다. 하기 시 승객들의 질서를 지켜 폭발물에서 100m 이상 떨어진 곳으로 대피시킨다.
- 필요시 이스케이프 슬라이드를 이용하여 승객을 대피시킨다.
- 폭발물 해체처리가 가능한 공항이라면 EOD가 도착할 때까지 기다린다.

운항 중 폭발물 발견 시 처리절차

- 승객들을 폭발물로부터 최소 6m 이상 떨어진 곳으로 이동시킨다.
- 휴대용 소화기, 응급의료상자, 주류가 들어 있는 음료 카트를 폭발물로부터 먼 곳으로 옮긴다.
- 기장은 ATC(Air Traffic Control: 항공교통관제기관)에 연락하여 폭발물 발견 사실을 알린다. 안전고도(10,000ft)로 강하하고, 비상착륙 준비를 한다.
- 발견된 폭발물에 대한 응급조치가 가능한 경우 방폭담요 또는 쿠션을 이용하여 폭발물 주위에 쌓는다. 이때 폭발물에 압력이 가해지지 않도록 주의한다.

- 소화기를 준비한다.
- PBE를 착용한다.
- 갤리 전원을 끈다.
- 기내 전자기기의 전원을 끈다.
- 폭발물을 LRBL로 옮긴다.

LRBL

LRBL은 Least Risk Bomb Location의 약자로 폭발물 피해 최소구역을 의미한다. 기내에서 폭발물이 폭발할 경우 피해를 최소화할 수 있는 구역으로 폭발물을 이동한다.

LRBL 준비절차

① 폭발물을 비행기의 오른편(R side) 가장 마지막 도어로 옮긴다.

② Door handle 가운데에 밧줄, 테이프, 넥타이, 스타킹 등을 이용하여 폭발물을 고정시킨다.

③ 비닐로 폭발물을 덮어씌운다. 비닐이 폭발물에 액체가 흘러 들어가는 것을 방지하여 전기가 합선되는 것을 막아준다.

④ 물에 적신 담요와 베개를 폭발물 주위에 최소 25cm 높이로 쌓는다. 폭발이 발생할 경우 젖은 담요와 베개가 화재의 위험을 낮추어줄 수 있다.

⑤ 카트와 짐 가방 등을 바닥에 눕혀 지지대 역할을 하도록 쌓고 그 위에 좌석쿠션, 담요, 베개, 커튼, 짐 가방 등의 soft material을 쌓는다. 가능하면 천장까지 쌓아 bomb wall을 만든다. 폭발할 경우 bomb wall이 충격을 흡수할 수 있다.

⑥ LRBL 도어를 정상위치(disarmed position/manual mode)로 변경한다.

⑦ LRBL의 준비가 완료되면 기장에게 알리고 비상착륙 준비를 한다.

경유지(Transit) 공항의 보안

객실승무원은 경유지 공항에서의 위해 인물, 물품의 출입 또는 반입의 방지를 위해 다음의 보안활동을 수행해야 한다.

승객이 모두 하기하는 경우의 객실보안

- 승객 하기 후 기내보안점검 실시
- 보안장비의 이상유무 확인
- 불필요한 인원 또는 물품의 기내출입 또는 반입통제
- 기내작업요원 업무수행 감시
- 승객 탑승 전의 기내보안점검
- 승객 하기 시 휴대품 일체를 휴대하고 하기하는지 확인

승객의 일부가 기내에 머무는 경우의 객실보안

- 기내에 승객이 탑승한 상태로 기내 보안점검 실시
- 승객의 화장실 출입을 금하고 화장실 일시적으로 폐쇄
- 객실 탑승한 승객 숫자 확인
- 승객들이 탑승권에 기재된 원래 좌석으로 돌아가도록 지시
- 모든 머리 위 수화물 열기
- 승객들의 모든 휴대 수화물을 승객과 객실승무원이 함께 육안으로 확인
- 확인되지 않은 휴대 수화물이나 남겨진 수화물은 기장에게 알리고 하기(off-load)
- 보안장비의 이상유무 확인
- 불필요한 인원 또는 물품의 기내출입 또는 반입통제
- 기내작업요원 업무수행 감시

조종실 보안

비행 중 조종실 출입절차

객실승무원은 비행 중 다음의 조종실 출입절차를 엄격히 수행하여야 한다.

▶ 조종실에 들어갈 때

① 객실승무원은 조종실에 출입하기 전 조종실 근처의 보안상태를 확인한다. 주위가 안전하다고 판단되면 승객의 시야를 피해 긴밀히 조종실 코드를 입력한다.

② 조종실 코드 입력 후 조종실에서 외부에 설치된 CCTV로 신분을 확인할 수 있도록 카메라 렌즈방향을 응시한다.

③ 조종실 문이 열리면 곧바로 조종실에 들어간다. 조종실 문을 최소한만 열고 들어간 후 신속하게 닫는다.

▶ 조종실에서 나올 때

① 운항승무원이 조종실 안 CCTV 모니터를 통해 청정구역의 안전상태를 확인한다.

② 객실승무원은 조종실 문에 설치된 투시경을 통해 청정구역의 안전상태를 확인한다.

③ 조종실 문을 열고 나간 후 신속하게 문을 닫는다.

Sterile Cockpit Rule(스테라일 칵픽 룰)

Sterile Cockpit Rule은 비행의 중요단계에서 운항승무원이 운항에만 집중할 수 있도록 조종실에 직접 연락하지 않도록 미국연방항공청(FAA)에서 규정한 조종실 규칙이다. 비행중요단계에 포함되는 유도로주행(taxi), 이륙(take-off), 진입(approach), 착륙(landing) 시 조종사들은 운항업무 이외의 대화를 자제하고 객실승무원도 긴급상황이 아니면 조종실 연락을 삼가야 한다.

2- Person Cockpit Rule(조종실 내 2인 규정)

2-Person Cockpit Rule이란 조종실에 두 명 이상이 머물러야 한다는 조종실 보안규정이다. 두 명의 운항승무원 중 한 명이 조종실을 떠나는 경우, 다른 승무원이 임시로 부재중인 자리를 채워야 한다는 의미이다. 2-Person Cockpit Rule은 2015년 독일 저

먼윙스 9528편의 조종사 자살운항으로 인한 항공사고를 계기로 만들어졌다.

비행기 납치(Hijacking)

기내에서 보안에 관련한 승객의 의심스러운 행위나 비행기 납치(hijacking) 상황이 발생하는 경우, 객실승무원은 인터폰을 이용하여 기장에게 즉시 이를 알려야 한다. 이때, 조종실에 연락하는 것을 다른 사람들이 알지 못하도록 주의해야 한다.

기장은 상황이 비행기 납치로 판단되면 신속하게 착륙을 시도한다.

비행기 납치 발생 시 대응조치

다음은 비행기 납치상황이 발생하였을 경우의 대응조치 사항이다. 그러나 모든 상황이 같을 수는 없기 때문에 객실승무원은 가장 적절하다고 판단되는 사항을 적용하여 융통성 있게 대처해야 한다.

조종실

- 조종실의 출입문은 반드시 시건(closed & locked)되어 있어야 한다.

객실

- 객실을 깨끗하고 정돈된 상태로 유지한다.
- 가능하면 비행 운항시스템(Flight Tracking System)의 작동을 중지시킨다.

비행기 도어

- 지상에서 비행기 도어는 완전히 열리거나, 완전히 닫힌 상태를 유지해야 한다.
- 비행기 도어가 닫혀 있다면 도어의 상태를 팽창위치(armed position/automatic mode)로 유지한다.

비행기 납치 발생 시 3단계 원칙

일반적으로 비행기 납치상황은 다음의 3단계로 구성된다.

① 1단계: 납치범이 비행기 일부를 장악하려고 시도하는 단계

② 2단계: 납치범이 비행기 전체를 장악하려고 시도하는 단계

③ 3단계: 납치범이 비행기 밖에 있는 외부인을 장악하려고 시도하는 단계

Sleeper

비행기 안에서 자신의 신분을 드러내지 않고 인질 무리 속에 숨어 있는 납치범을 Sleeper라고 한다. Sleeper는 특정상황이 발생하기 전까지 다른 인질들처럼 행동하기 때문에 객실승무원은 행동과 말을 주의해야 한다.

객실승무원이 납치범들에 대하여 수집해야 할 정보

- 납치범의 수
- 국적
- 외모
- 옷차림
- 사용하는 언어
- 기내에서의 위치
- 총기의 종류와 수
- 승객의 수와 위치
- 납치범들에 의해 봉쇄된 도어가 있는지 여부와 있다면 봉쇄된 도어 위치
- 비행기 파손 여부

불량고객(Disruptive passenger/Unruly passenger)

불량고객 대응절차

불량고객을 대응할 때는 다음의 LEAP절차를 순차적으로 따른다.

- L: Listen 적극적으로 경청하기
- E: Empathize 승객의 말에 공감하기
- A: Ask Open Questions 열린 질문으로 정보 수집하기
- P: Paraphrase 다른 표현으로 바꾸어 설명하기

만취승객 대응절차 '4Ds'

만취승객을 대응할 때는 다음의 4D절차를 순차적으로 따른다.

- D: Delay 지연시키기
- D: Distract 주의전환하기
- D: Dilute 희석하기
- D: Deny 거절하기

난동승객제압(Restrain Passenger)

제압대상 승객

항공기, 승객, 승무원 또는 자기 자신을 위험에 빠뜨리는 행동을 하는 사람(endanger safety of the aircraft, passengers, crew or themselves)이 제압대상이 된다.

구두경고(verbal warning)

난동승객을 제압하기 전에 객실승무원은 기장의 권한을 위임받아 승객에게 구두경고를 한다. 구두경고를 할 때에는 다른 승객들이 보는 앞에서 단호한 태도로 한 번만 전달한다.

구두경고문: "On behalf of captain, your behavior is unacceptable. If it continues, we will be forced to take further necessary action against you."

Restraint Kit

기내에서 난동승객을 제압하기 위해 사용하는 장비가 들어 있는 파우치

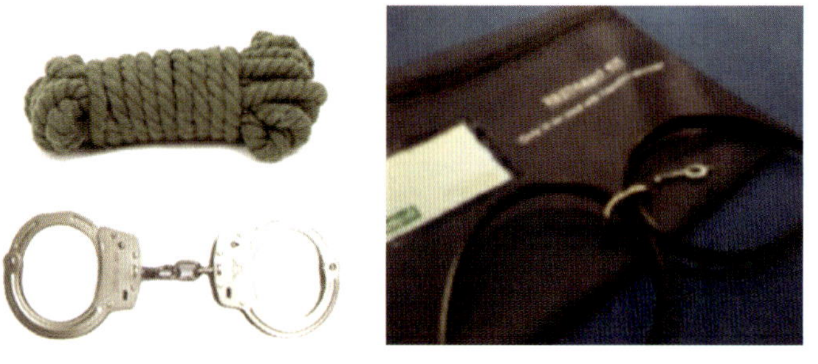

Restraint Kit 내용물

Restraint Kit에는 수갑, 수갑 열쇠, 타이랩(tie-wrap), 포승줄 등이 들어 있다.

승객제압 3요소

Surprise, Teamwork, Speed

여러 명의 객실승무원이 협심하여 동시다발적으로 갑작스럽게 제압해야 한다.

＊ 압통점(pressure point)

압통점(pressure point)이란 신체의 어떤 곳을 눌렀을 때 통증이 유발되는 부위이다. 압통점에 힘을 가하면 국소적인 통증이 발생되어 신체의 자유로운 움직임이 제압된다.

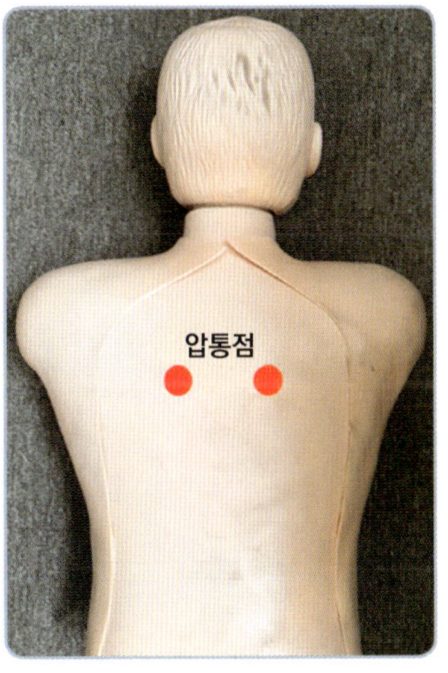

pressure point(압통점)

기내 승객 제압기술(How To Restrain Passenger)

▶ 좌석에 앉아 있는 승객 제압

1. 한 명의 승무원이 승객의 주의를 끌면, 3명의 승무원이 뒤, 측면에서 동시다발적으로 승객에게 달려든다.

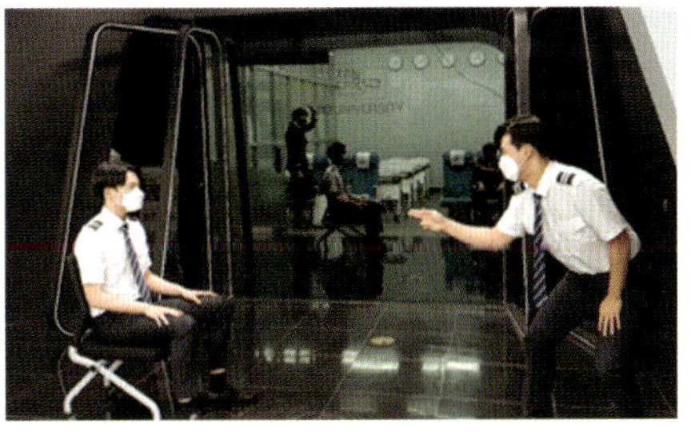

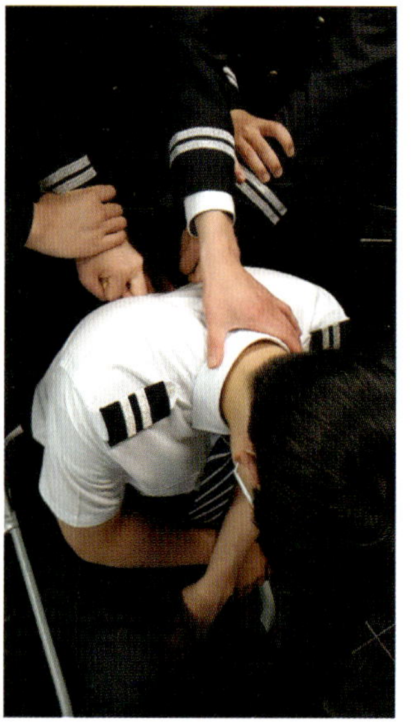

2. 4명의 승무원이 동시에 각각 왼팔, 오른팔, 목 뒤, 어깨를 제압한다. 양측면에 있는 2명의 승무원이 승객의 견갑골(어깨뼈)과 등뼈 사이의 압통점(pressure point)을 중지관절이 튀어나오게 쥔 주먹으로 압박한다.
3. 다른 손으로 주먹 쥔 손의 손목을 잡아 지탱한다.
4. 중지 관절에 몸의 무게를 싣고 주기적으로 짧고 굵게 압통점을 압박한다(shock).
5. 등 뒤쪽 승무원이 승객의 목을 잡고 아래로 누른다.

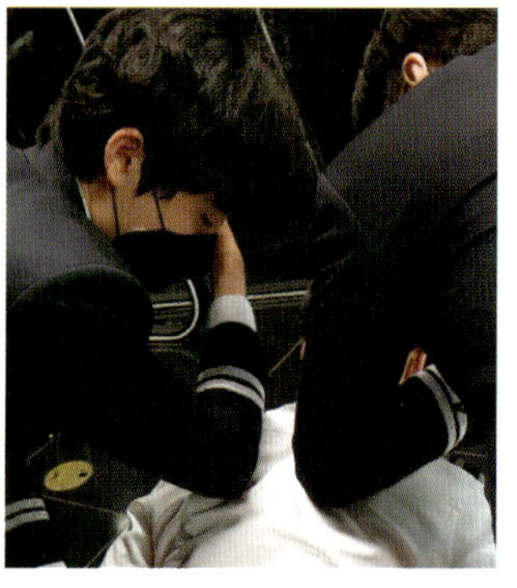

6. 중지 관절이 튀어나오게 쥔 주먹을 팔꿈치로 대체하고 더욱 무게를 실어 압박한다.
   양 측면과 뒤쪽에 위치한 승무원들은 위의 절차를 동시다발적으로 수행한다.

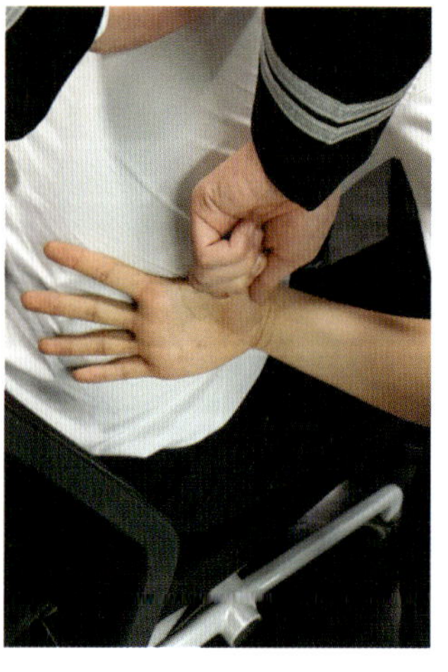

7. 승객의 엄지손가락을 비틀어 등 위로 당겨 올린다.

8. 타이랩(tie-wrap) 또는 수갑을 승객의 양 손목에 채운다.

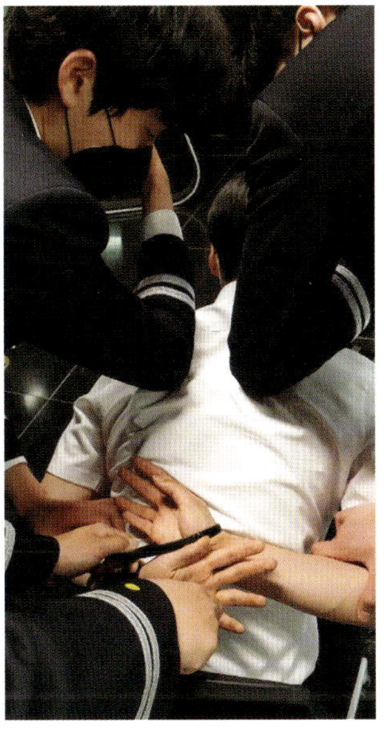

9. 뒤에서 양 어깨를 잡아 등받이 쪽으로 젖힌다.

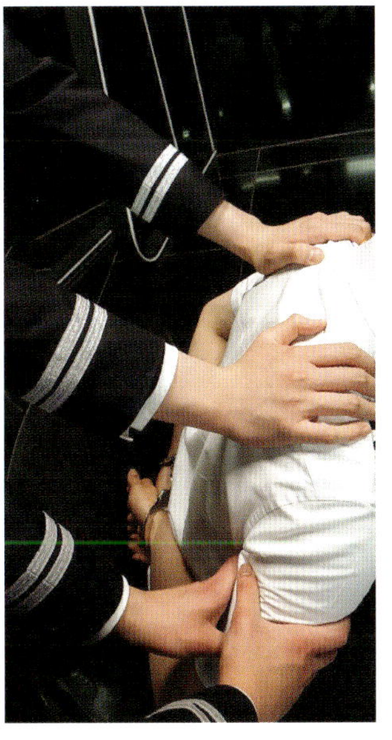

10. 골반으로 승객 팔꿈치를 움직이지 못하게 방어한다.

11. 승객의 등이 등받이에 닿는 순간 뒤에 있는 승무원이 승객의 헤어라인 위치의 이마를 두 손바닥으로 누른다.

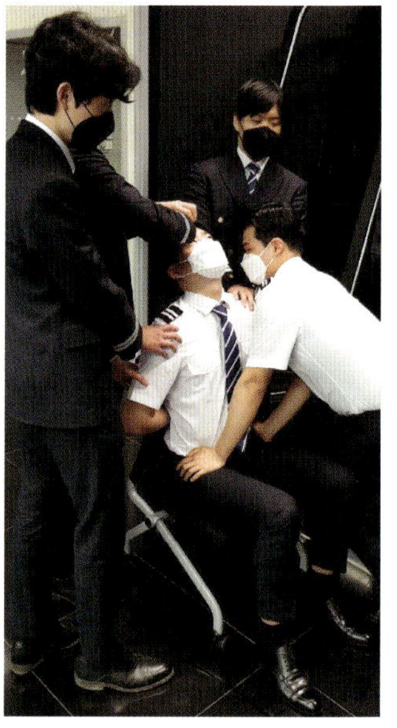

12. 양측의 승무원들은 다리에 몸무게를 실어 승객의 골반 아래를 누른다.

13. 앞쪽에 있는 승무원은 연장좌석벨트(extension seatbelt), 타이랩(tie-wrap), 포승줄 중 하나를 이용하여 승객의 두 발목을 묶는다. 발로 차일 수 있으므로 측면에서 제압한다.

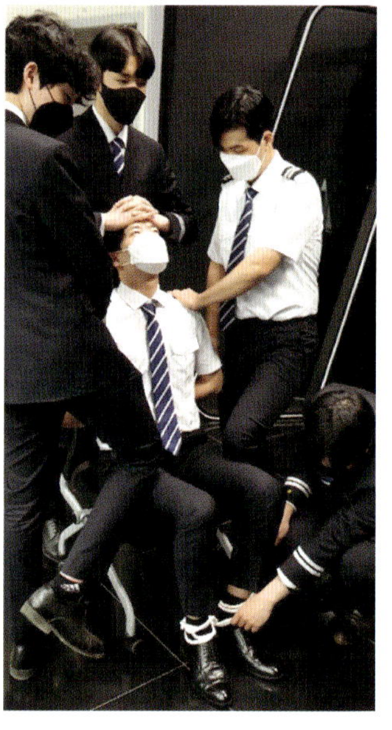

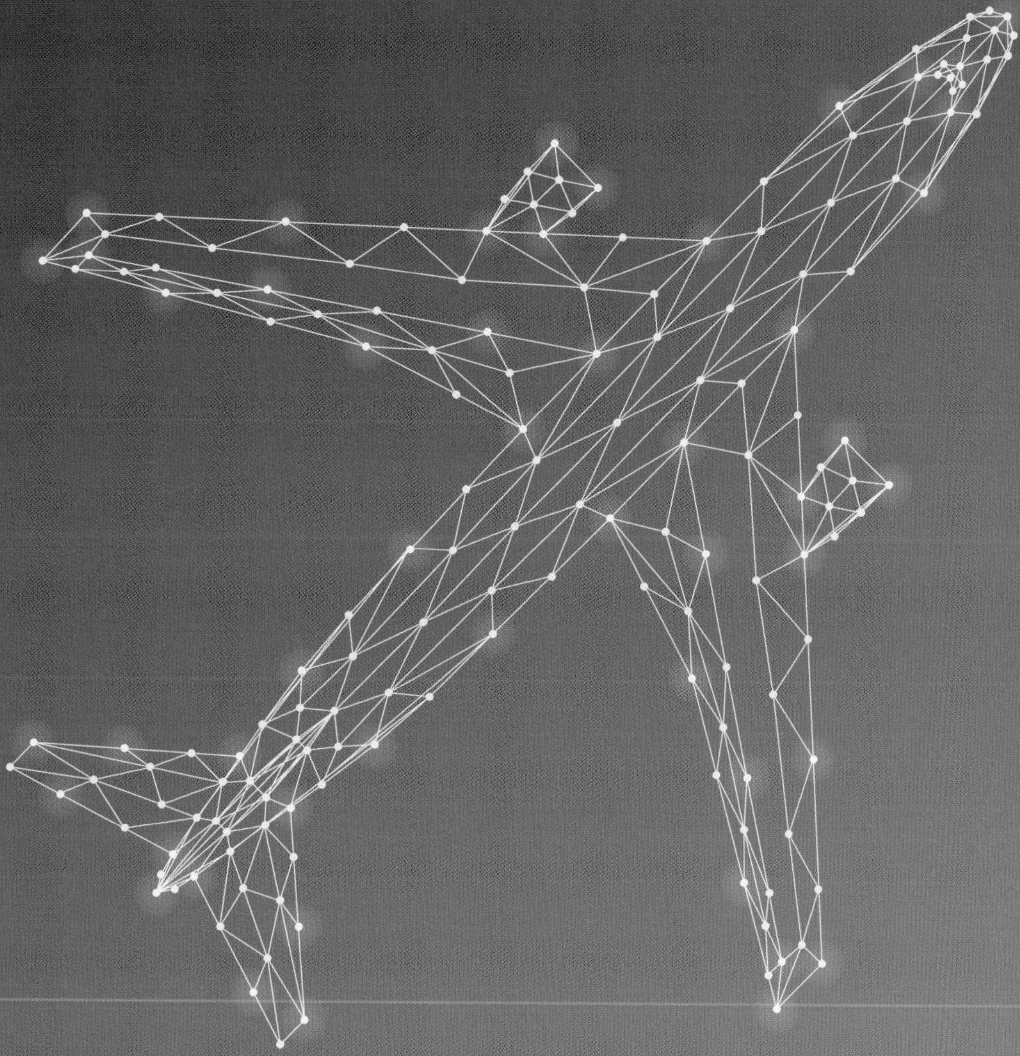

XV

기내 응급의료

XV 기내 응급의료

기내에 응급환자가 발생하지 않도록 탑승단계에서 승객들의 건강상태를 확인하는 것이 중요하다. 만약 비행 중 응급의료상황이 발생할 경우 신속하게 상황을 파악하여 초기에 적절하게 대처하도록 한다.

응급처치(First Aid)

응급처치(First Aid)란 전문의료인의 의료행위가 시행되기 전에 환자에게 취해지는 즉각적이고 임시적인 조치를 말한다. 승객의 건강상태가 치명적으로 악화되는 것을 방지하고, 응급치료를 위한 비행기 회항(divert)을 피하기 위해 비행 중 기내에 응급환자가 발생하면 가능한 빠른 시간 안에 적절한 응급처치를 시행해야 한다.

기내 응급환자 처치 목적

기내에 응급환자가 발생할 경우 환자의 상태에 따라 적절한 기내 응급처치를 수행하기 위해 항공법에 의거하여 기내에 FAK와 EMK의 의료장비를 탑재하도록 되어 있다.

비행기 응급의료장비

기내에 응급환자가 발생할 경우 환자의 상태에 따라 적절한 기내 응급처치를 수행하기 위해 항공법에 의거하여 반드시 기내에 FAK와 EMK의 의료장비를 탑재하도록 되어 있다.

FAK(First Aid Kit)

목적	비행 중 승객에게 응급상황이 발생하였을 때 사용하는 비행기 내 의료구급함으로 기본적인 응급처치를 위해 사용된다.
주의사항	개봉 시 seal을 제거하고 사용 후에는 사용내역을 기록한다.
내용물	• 손 세정제 • 일회용 의료장갑 • 체온계 • 의료가위 • 알코올 소독제 • 일반밴드 • 외상치료용 항생연고 • 압박붕대 • 반창고 • 부목 • 암모니아 흡입제 • 인공눈물 • 해열진통제 • 설명서

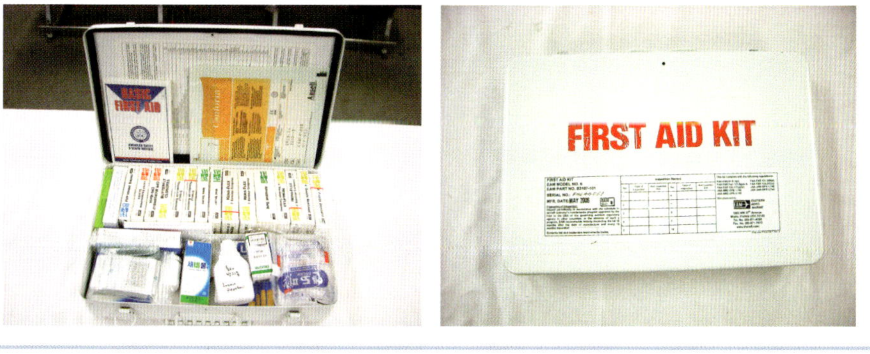

FAK(First Aid Kit)

EMK(Emergency Medical Kit)

목적	비행 중 승객에게 중증의 응급상황이 발생하였을 때 사용하는 응급의료장비로 간단한 외과수술이나 전문적인 치료를 위해 사용된다. 의약품과 의료기구들로 구성되어 있으며 반드시 기장의 승인을 받아 사용할 수 있다. EMK는 의약품과 의료기구들로 구성되어 있으며 객실승무원이 사용할 수 있는 의약물품과 전문의료인만 사용할 수 있는 의약물품이 구분되어 있다.
주의사항	• 개봉 시 seal을 제거하고 사용 후에는 사용내역을 기록한다. • 사용 전 반드시 기장의 승인을 받아야 한다.
내용물	• 의료기구 일회용 주사기, 외상 드레싱, 지혈대, 청진기, 혈압계, 아이스팩, 알코올 티슈, 인공기도, 체온계, 외과용 마스크, 일회용 장갑, 집게, 삼각건 등 • 의약물품 진통제, 정맥주사용 포도당, 아스피린, 기관지 확장제(ventolin inhaler), 항히스타민제, 자궁수축제 등

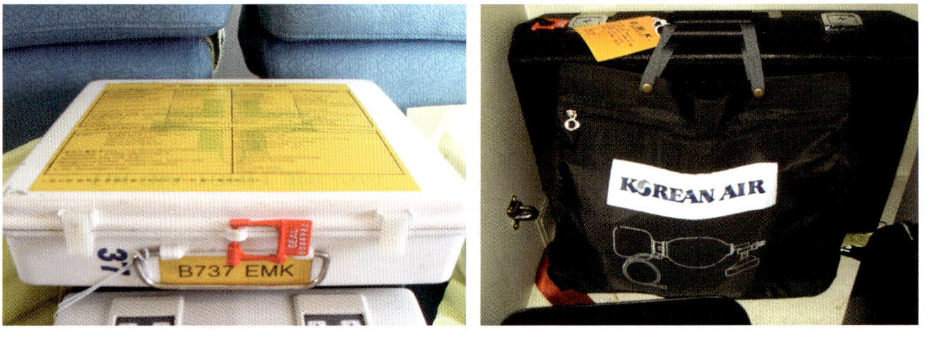

EMK(Emergency Medical Kit)

UPK(Universal Precaution Kit)

목적	기내에서 캐빈승무원이 수두, 메르스, 코로나 등의 질병 전염 가능성이 있는 체액 또는 혈액 등을 처리할 때 감염 또는 오염을 피하기 위하여 사용하는 감염예방 의료용구이다.
사용법	• 안면 및 눈 보호대, 보호용 앞치마, 일회용 의료장갑을 착용한다. • 타액 또는 혈액과 같은 오염물에 액체응고제를 뿌려 굳게 만들거나 흡착용 타월로 흡수시킨다. • 주걱을 이용 오염물을 봉투에 담는다. • 사용내역을 기록한다.

내용물	• 안면 및 눈 보호대 • 보호용 앞치마 • 일회용 의료장갑(체액 또는 오염된 물질로부터 안면과 눈을 보호하고 오염된 의료용품을 안전하게 폐기하기 위해 착용) • 타월(손 피부 세척을 위해 처치 전후에 사용) • 살균제(손 등 오염된 부분을 소독) • 액체응고 파우더(오염물에 파우더를 뿌려 액체상태를 고체의 겔 형태로 만들어 폐기) • 주걱(오물처리) • 대형 흡착용 타월(체액 흡수) • 봉투(오염물 폐기) • 사용 설명서
탑재 수	• 승객 좌석 250석 이하인 경우 1개 이상 탑재되어 있어야 한다.

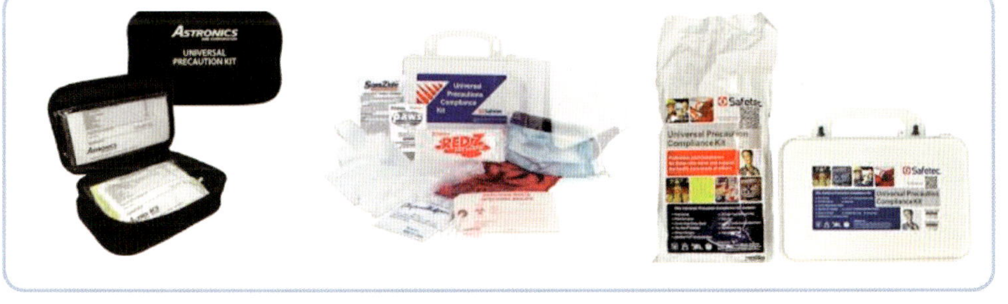

UPK(Universal Precaution Kit)

AED(Automated External Defibrillator: 자동심장제세동기)

AED(Automated External Defibrillator: 자동심장제세동기)는 심정지가 되어 있는 환자에게 높은 압력의 전기충격을 주어 심장의 정상 박동이 돌아오게 하는 의료장비이다. 기내에서는 전문 의료인, 응급구조사와 교육을 이수한 승무원만이 사용할 수 있다. AED가 작동할 때는 AED에 의한 전기충격이 가해질 수 있으므로 환자와 약간 떨어져 있어야 한다.

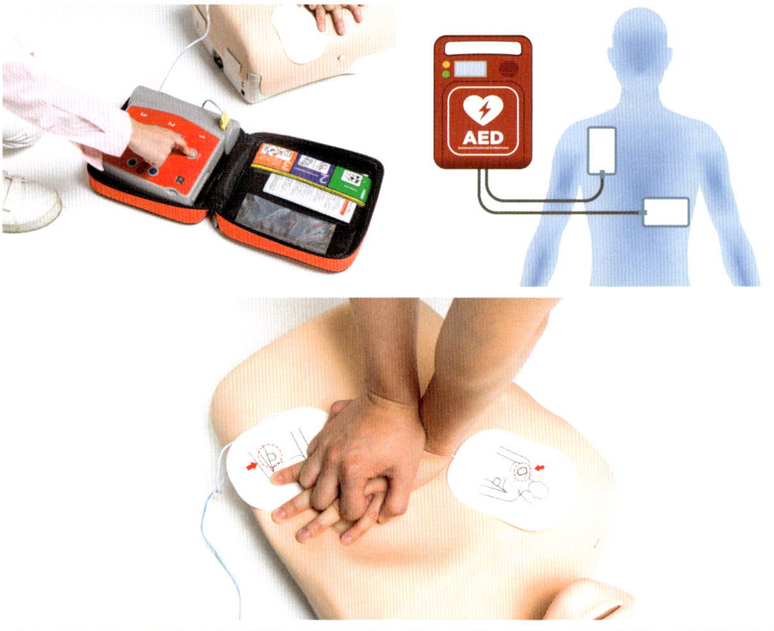

AED(Automated External Defibrillator)

응급처치

응급환자 발생 시 대처순서

D	Look for **D**anger(주위 안전상황 확인)
R	Check for **R**esponse(환자 의식상태 확인) • 성인과 어린이: 가볍게 양 어깨를 두들기며 귀에 가까이 대고 질문한다. "제 말이 들리세요?" • 유아: 발바닥을 손가락으로 가볍게 튕겨 반응이 있는지 확인한다. • 환자가 응답하면 휴식을 취할 수 있도록 하고 지속적으로 상태를 점검한다. • 환자가 응답하지 않으면 다음단계로 진행한다.
S	**S**hout for help(도움요청) • 의료장비를 준비하고 기장에게 상황을 보고 • 환자상태가 심각하다고 판단되면 기내에 전문의료인이 있는지 호출한다. • 다른 승객의 접근을 막는다.
A	Open **A**irway(기도 유지) • head tilt, chin lift -턱을 올리고 이마를 뒤로 젖혀 기도를 유지한다.

B	Check for Breathing(호흡 확인) • check for breathing – 호흡이 있는지 확인한다. • 30초 동안 호흡의 징후가 있는지 확인한다. • 호흡하면 회복자세(recovery position)를 취하게 하고 지속적으로 상태를 관찰한다. 혈액순환을 위해 30분마다 회복자세 방향을 전환한다. • 환자의 의식이 없으면 CPR을 수행한다.
C	CPR • 구조호흡(rescue breathing)을 2회 실시 후 즉시 CPR을 시행한다. • CPR과 구조호흡(rescue breathing)을 30:2의 비율로 반복 실시한다.
D	AED(Automated External Defibrillator)를 사용한다.

환자상태 파악하기

'SAMPLE'을 바탕으로 환자의 건강상태에 관한 정보를 수집한다.

S	Signs & Symptoms 증상과 징후 조사 –두드러기, 열, 기침, 출혈 등
A	Allergies 알레르기 확인
M	Medicines 복용 중인 약 확인
P	Previous medical history 병력 확인
L	Last meal 최근 섭취한 음식 확인
E	Event 의료상황이 발생된 경위 조사

의료보호 표찰(Medical Alert Symbols)

응급상황이 발생했을 때 응급처치를 시행하는 사람이 병력을 쉽게 알아볼 수 있도록 병력을 나타내는 상징이나 그림을 의료보호 표찰(Medical Alert Symbols)이라고 한다. 객실승무원은 응급의료상황이 발생하였을 경우 승객이 의료보호 표찰(Medical Alert Symbols) 또는 신상, 병력, 담당의사, 혈액형 등의 내용이 표기된 목걸이, 팔찌, 카드

등을 소지하고 있는지 확인한다.

CPR(Cardiopulmonary Resuscitation, 심폐소생술)

CPR은 심장과 폐의 활동이 멈추어 호흡이 정지되었을 경우에 실시하는 응급처치이다. 심정지가 발생하면 4~5분 내에 뇌 손상이 일어나기 때문에 신속하게 흉부 압박을 실시하여 호흡과 혈액순환을 유지해야 한다. 다음의 상황을 제외하고 어떤 상황에서도 CPR 수행을 중간에 멈추지 않는다.

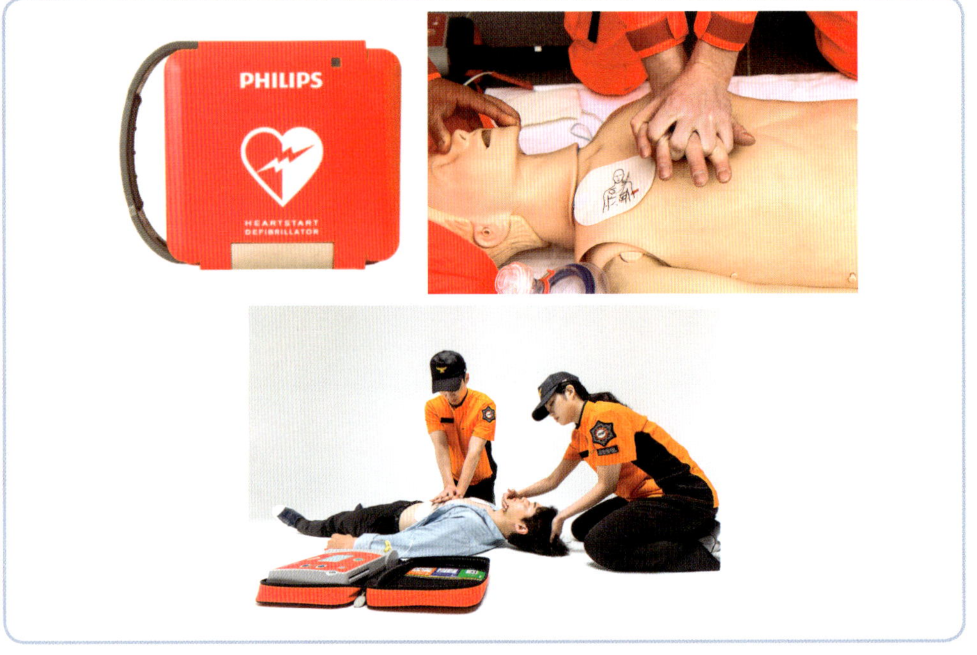

CPR(Cardiopulmonary Resuscitation)

CPR 시행을 중지하는 경우

- AED 사용준비가 완료된 경우
- 시행자의 체력이 소진되어 다음 시행자가 환자를 인계하는 경우
- 전문의료인에게 환자가 인계되는 경우
- 환자의 호흡이 돌아오는 경우

CPR 시행법

CPR	
1. 압박점 찾기	**■ 압박점 위치** • 성인, 어린이: 가슴뼈 젖꼭지 선 중앙 • 영아(1세 미만): 가슴뼈 젖꼭지 선 약간 아래 중앙 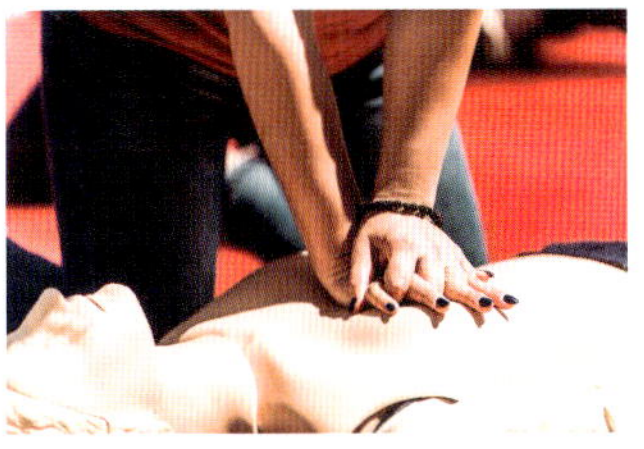
2. 흉부압박×30회	**■ 성인** 압박점에 한 손을 올려놓고 그 위에 다른 손을 올린다. 약 5cm 깊이, 1분에 100~120회 속도로 흉부를 압박한다. **■ 어린이** 압박점에 한 손으로 약 5cm 깊이, 1분에 100~120회 속도로 흉부를 압박한다. **■ 영아(1세 미만)** 압박점을 셋째, 넷째 손가락 두 개를 이용하여 약 4cm 깊이, 1분에 100~120회 속도로 압박한다. 너무 세게 압박하면 장기에 손상을 줄 수 있으므로 주의한다. 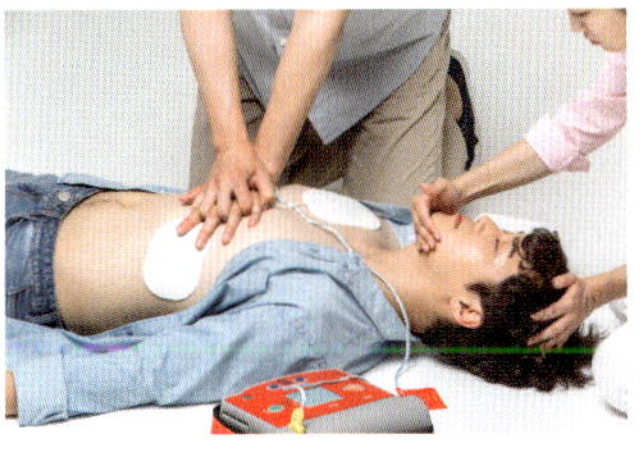
3. 구조호흡(rescue breathing) ×2회	기도(airway)를 유지한 상태에서 구조호흡(rescue breathing)을 2회 실시한다. 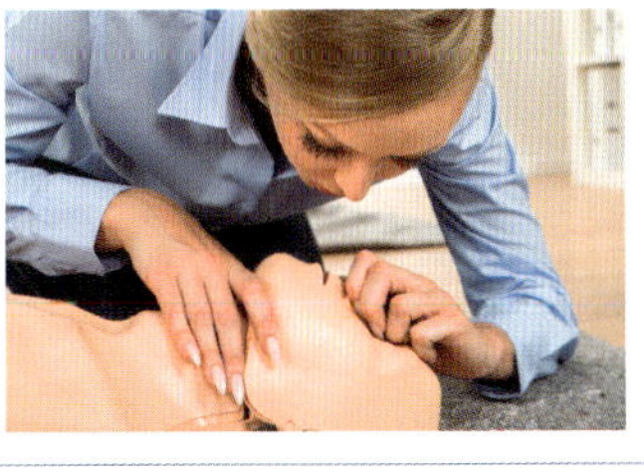
4. CPR: 구조호흡은 30:2 비율	30:2 비율로 CPR과 구조호흡(rescue breathing)을 실시한다.

회복자세(recovery position)

환자가 자극에 응답하지는 않으나 정상적으로 호흡하는 경우 회복자세(recovery position)를 취하게 한다. 회복자세(recovery position)는 체액이나 구토가 발생하였을 때 밖으로 흐르게 하여 기도가 폐쇄되는 것을 막아준다.

회복자세(recovery position)	
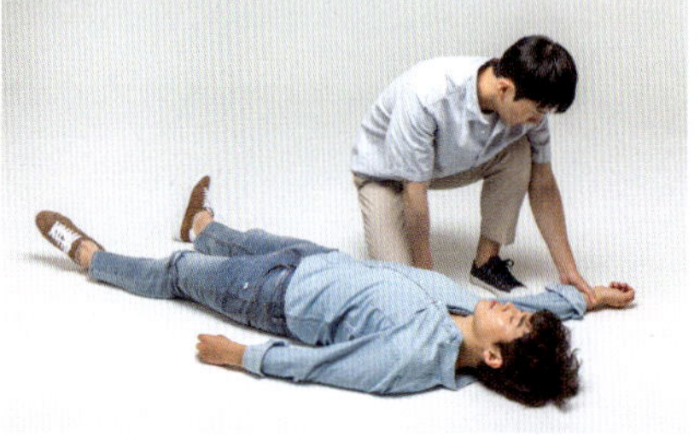	1. 환자의 등이 바닥에 닿도록 눕히고 환자의 옆에 앉아 자신과 가까운 쪽에 있는 환자의 팔꿈치를 직각으로 구부린다. 이때 환자의 손바닥이 위쪽을 향하게 한다.
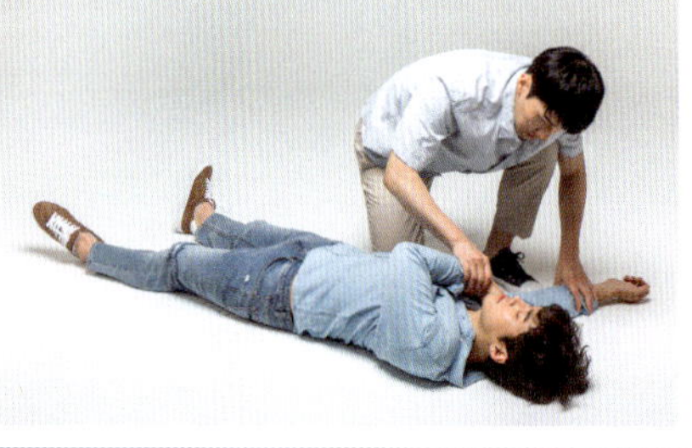	2. 환자의 반대쪽 팔을 가슴 쪽으로 가로지르게 한 뒤 팔꿈치를 직각으로 굽힌다.
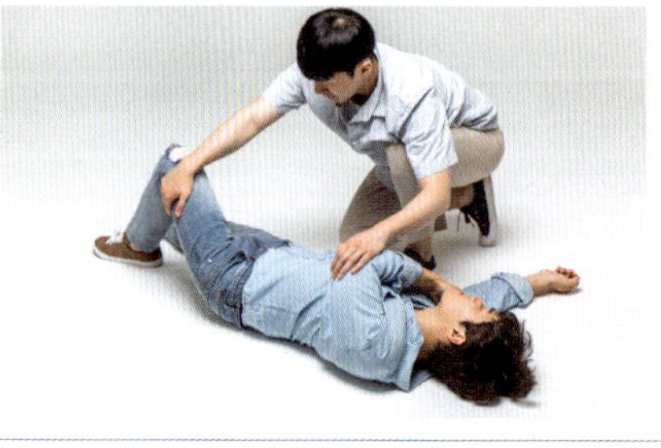	3. 자신과 먼 쪽에 있는 환자의 무릎을 직각으로 세운 상태에서 환자의 골반을 잡고 몸통을 자신 쪽으로 돌려 옆으로 눕힌다. 손등을 뺨에 가져다 댄다.
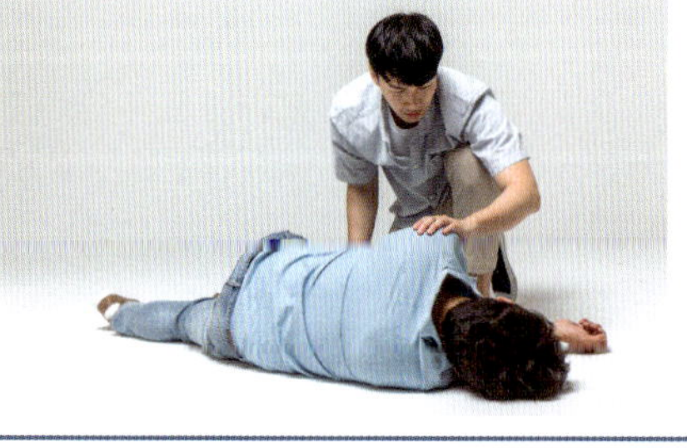	4. 기도가 확장되도록 환자의 머리를 살짝 뒤로 젖힌다. 환자의 상태를 지속적으로 확인하고 팔의 압박을 줄이고 원활한 혈액순환을 돕기 위해 30분마다 환자의 회복자세 방향을 바꿔준다.

기도폐쇄(chocking)

기도폐쇄(chocking)는 음식물이 기도로 잘못 들어가거나 이물질이 기도를 막아 질식한 상태를 말한다. 이물질에 의해 기도가 완전히 폐쇄되면 3~4분 이내에 의식을 잃게 되고 4~6분 후에는 뇌사상태에 빠지게 된다. 부분 기도폐쇄의 경우 환자가 기침을 하여 이물질이 제거되도록 독려한다. 완전기도폐쇄일 경우 복부 밀어내기(abdominal thrust)를 실시하고 비만 승객이나 임산부의 경우에는 가슴 밀어내기(chest thrust)를 실시한다.

기도폐쇄(chocking) 처치법	
	**일반 성인과 어린이의 경우** 1. 환자의 등 뒤에 선다. 2. 환자의 다리를 살짝 벌리게 하고 그 사이로 자신의 다리 한쪽을 내민다. 다른 쪽 다리는 뒤쪽으로 뻗어 균형을 잡는다. 3. 한 손은 주먹을 쥐어 환자의 배꼽과 명치 중간에 위치시킨다. 이때 주먹 쥔 손의 엄지손가락 부분이 환자의 배에 닿게 한다. 4. 양팔로 환자의 허리를 감싼 후, 다른 한 손으로 주먹 쥔 손을 감싼다. 5. 복부를 누르면서 위로(up & inward) 강하게 5회 압박한다. 6. 이물질이 제거될 때까지 반복한다. * 환자가 의식을 잃으면 바닥에 눕히고 CPR과 구조호흡(rescue breathing)을 30:2 비율로 실시한다. CPR을 실시하기 전에 입안에 이물질이 있는지 확인한다.
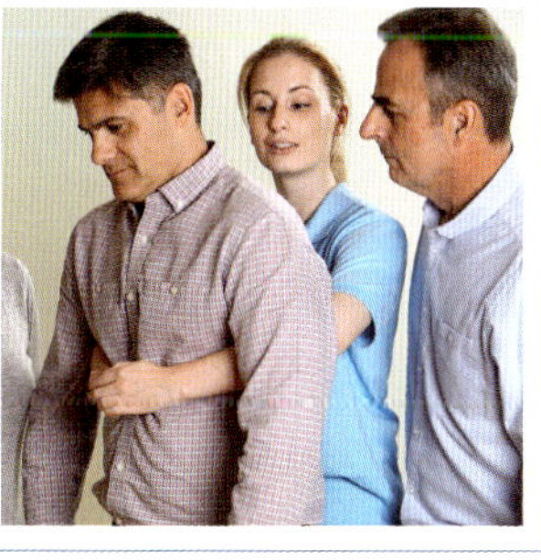	**임신부 또는 고도비만환자의 경우** 1. 환자의 뒤에서 환자의 겨드랑이 사이에 팔을 넣어 가슴을 감싼다. 2. 한 손에 주먹을 쥐고 환자의 명치에 위치시킨다. 이때 주먹 쥔 손의 엄지손가락이 명치에 닿게 한다. 3. 주먹 쥔 손을 다른 손으로 감싼 후 강하게 안쪽(inward)으로 압박한다.

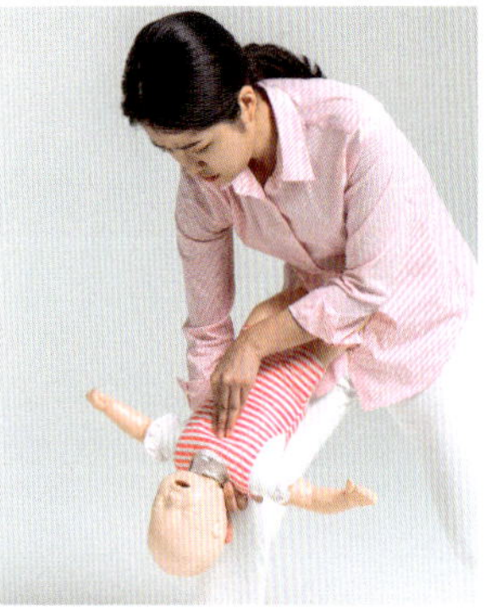

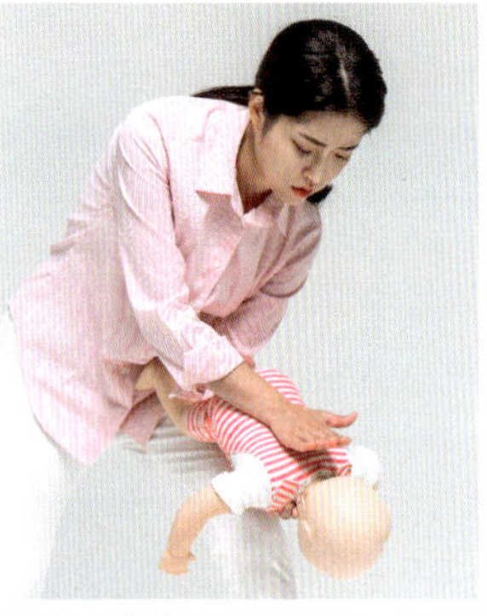

유아(1세 미만)의 경우

1. 유아가 천장을 보는 방향으로 허벅지 위에 눕히고 유아의 머리를 45도 각도로 기울인다.
2. 유아의 가슴 중앙을 4cm 정도 깊이로 중지와 약지로 눌러준다.
3. 유아를 뒤집어 바닥을 향하게 하여 허벅지 위에 눕힌다.
4. 유아의 턱을 한 손으로 잡아 받치고 등을 5회 두드려준다.
5. 이물질이 밖으로 나올 때까지 위의 절차를 순차적으로 반복한다. 입안에 이물질이 보이면 손가락을 넣어 제거한다. 이때 이물질이 기도 안으로 들어가지 않도록 주의한다. 아기가 의식을 잃으면 CPR을 실시한다.

증상과 초기대응

염좌(sprains/spraint)	
정의	관절을 지지해 주는 인대 또는 근육이 외부 충격에 의하여 늘어나거나 찢어지는 것을 말한다.
증상	• 해당부위가 붓고 붉어진다. • 누르면 통증이 심해진다.
처치법	RICE • R: Rest(휴식) • I: Ice(얼음찜질) • C: Compression(압박) • E: Elevation(거상)

골절(fracture)	
정의	뼈가 부분적 또는 완전히 부러지거나 파괴된 상태를 말한다.
증상	• 골절된 부위를 움직일 수 없다. • 골절된 부분을 누르면 통증이 있다.
처치법	• 가능하면 움직이지 않는다. • 출혈 시 지혈을 먼저 한다. • 부목으로 고정한다. • 부목을 댄 후에 혈액순환상태를 관찰한다. • 쇼크가 오지 않도록 관리하고 지속적으로 관찰한다.

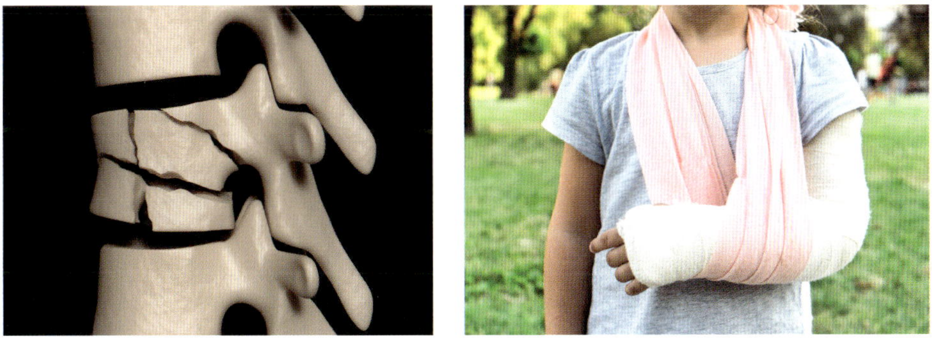

골절(fracture)

멀미(motion sickness/air sickness)	
정의	동체 흔들림 등의 영향으로 어지럽고 메스꺼운 증상을 느끼는 것을 말한다.
증상	구토, 어지러움, 오한, 안면창백
처치법	• 넥타이와 스카프 등 꽉 조이는 옷을 풀거나 느슨하게 한다. • 출혈 시 지혈을 먼저 한다. • 공기통(air vent)을 열어 찬 공기를 쐰다.

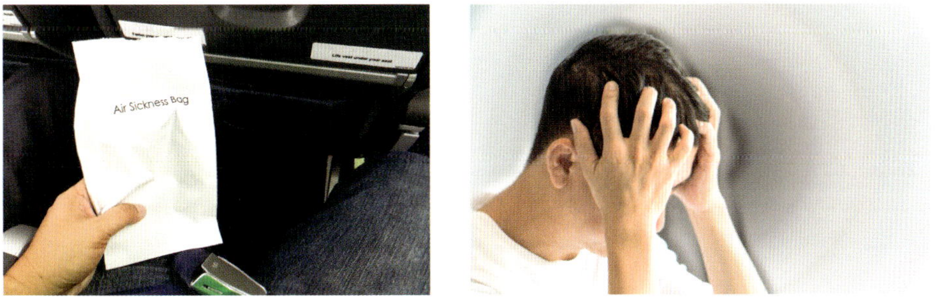

멀미(motion sickness/air sickness)

과호흡(hyperventilation)	
정의	필요 이상으로 호흡을 깊고 빠르게 하는 것을 말한다. 긴장하거나 불안한 경우에 발생할 수 있다.
증상	• 호흡이 가빠진다. • 어지럽다. • 손, 발, 입술이 저리다. • 식은땀이 난다. • 심한 경우 의식을 잃고 혼수상태가 된다.
처치법	• 바닥에 눕힌다. • 구토 봉투나 비닐봉지를 코와 입에 대고 천천히 호흡하도록 유도한다.

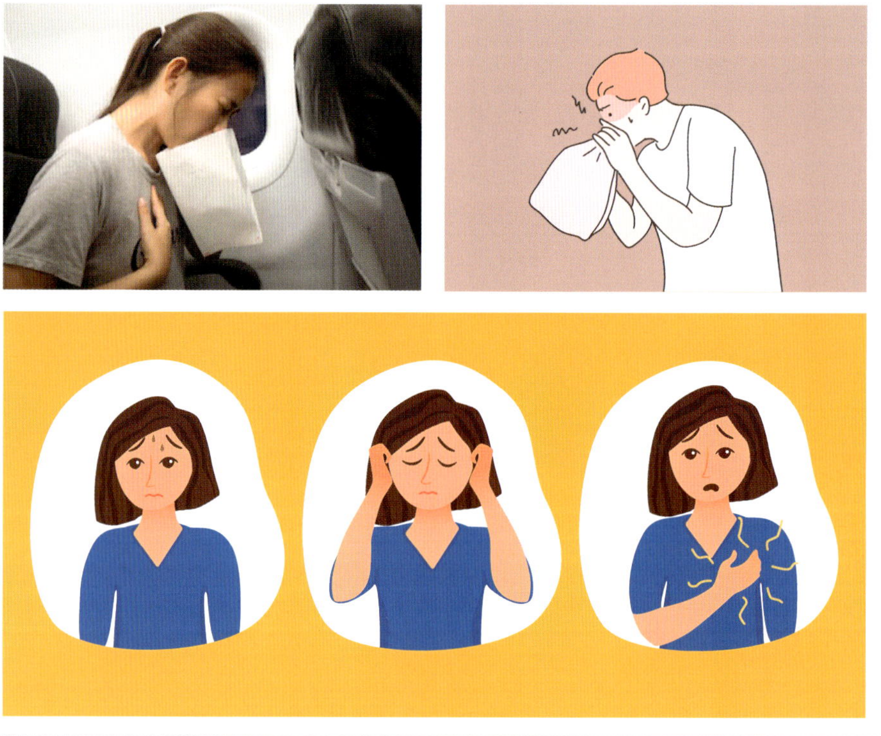

과호흡(hyperventilation)

출혈(bleeding)	
정의	상처를 통해 혈액이 혈관 밖으로 나오는 것을 말한다.
증상	외상으로 인해 피가 흐른다.
처치법	• 감염을 예방하기 위해 일회용 장갑을 착용한다. • 알코올 거즈로 상처부위를 소독한다. • 거즈로 상처부위를 직접압박(direct pressure)하여 지혈한다. • 출혈부위를 가슴보다 높게 올린다. • 경미한 경우에는 멸균 드레싱 후에 일회용 반창고를 붙인다. • 출혈이 심한 경우에는 첫 번째 드레싱 위에 두 번째 드레싱을 덧댄다. 출혈이 계속되는 경우에는 전체 드레싱을 제거하고 새로운 드레싱을 덧댄다. • 출혈이 심한 경우 전문의료인의 도움을 받는다.

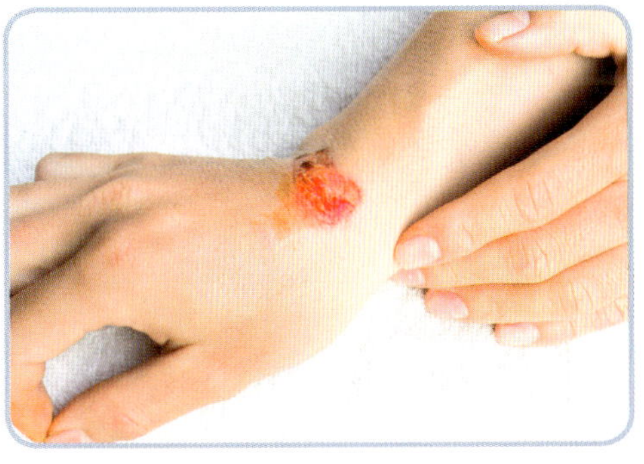

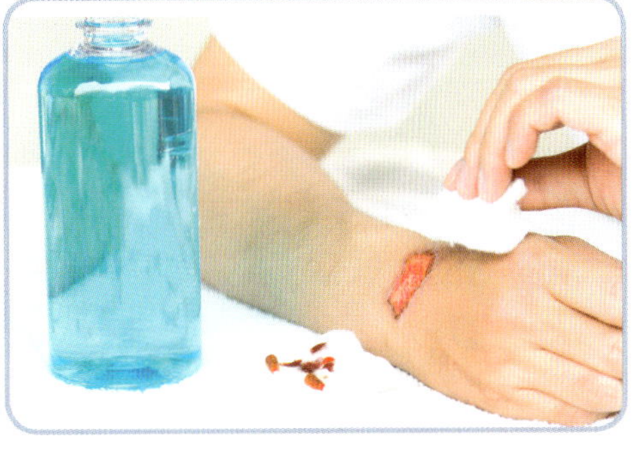

출혈과 지혈(bleeding)

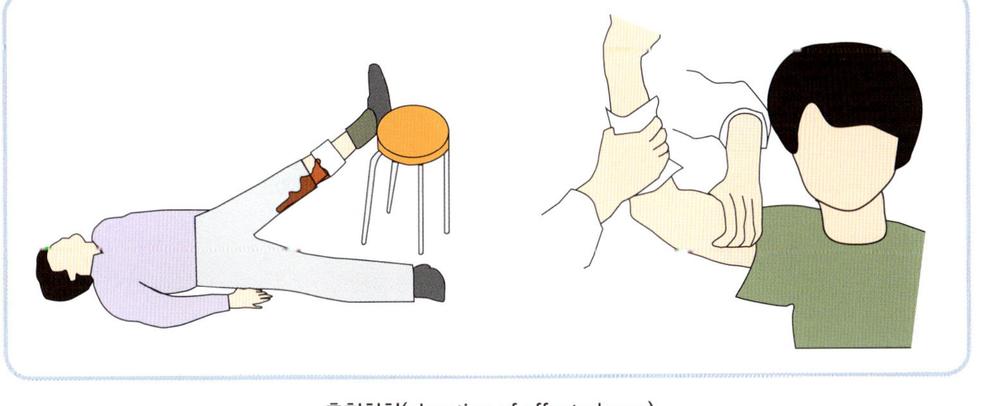

출혈처치(elevation of affected area)

천식(asthma)	
정의	기침, 호흡곤란 등이 반복적이고 발작적으로 나타나는 알레르기성 질환이다.
증상	• 호흡이 거칠고 힘들다. • 기침을 한다. • 호흡을 내쉴 때 쇳소리가 나기도 한다. • 심하면 호흡할 때 고통을 호소하기도 한다.
처치법	• 승객을 안정시킨다. • 필요시 휴대용 산소통을 제공한다. • 천식, 폐 질환 등의 기관지 질병을 앓고 있는지 물어보고 환자가 기관지 확장제(ventolin inhaler)를 소지하고 있으면 사용하게 하고, 그렇지 않을 경우 전문의료인의 처방에 따라 EMK에 있는 기관지 확장제(ventolin inhaler)를 제공한다.

기관지 확장제(ventolin inhaler)

기절(fainting)	
정의	뇌의 혈류량이 감소하여 일시적으로 의식을 잃는 것을 말한다.
증상	• 의식을 잃는다. • 얼굴이 창백해진다. • 맥박이 느려지거나 빨라진다. • 식은땀을 흘린다. • 호흡이 약해진다.

처치법	• 바닥에 눕히고 다리를 가슴보다 높게 올린다. • 몸에 조이는 옷은 느슨하게 푼다. • 이마에 냉찜질을 한다.

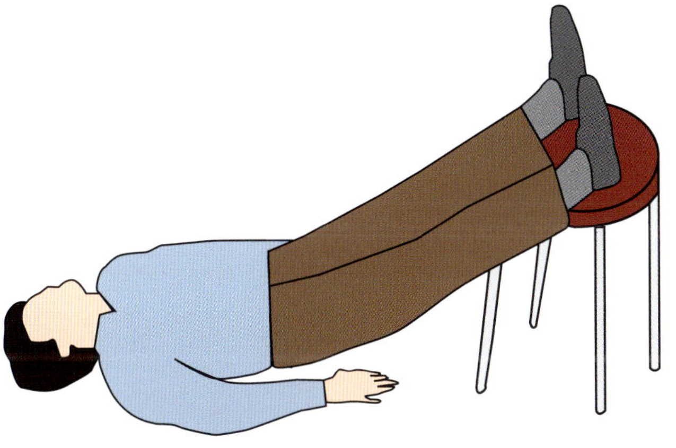

기절(fainting)

화상(burns)	
증상	증상에 따라 1~3도로 구분한다. **1도 화상(superficial thickness)** • 화상부위의 피부가 붉어지고 붓는다. **2도 화상(partial thickness)** • 화상부위에 수포가 생기고 화상부위가 1도 화상보다 광범위하다. **3도 화상(full thickness)** • 화상부위가 검게 탔거나 피부조직이 손상되어 뼈가 드러나 보일 수도 있다. • 심하면 쇼크가 올 수 있다.
처치법	**1도 화상(superficial thickness)** • 흐르는 미지근한 물로 상처부위의 열기를 10분 이상 식힌다. • 화상연고를 바른다. **2도 화상(partial thickness)** • 옷 또는 장신구를 제거하여 화상이 있는 부위를 노출시킨다. • 흐르는 미지근한 물로 상처부위의 열기를 10분 이상 식힌다. • 식염수로 상처부위를 헹궈준다. • 상처의 열기가 빠지면 화상연고를 바른 후 붕대를 감아준다. 이때 붕대가 화상부위에 눌려서 붙지 않도록 느슨하게 감아준다.

3도 화상(full thickness)

- 옷 또는 장신구를 제거하여 화상이 있는 부위를 노출시킨다.
- 흐르는 미지근한 물로 상처부위의 열기를 10분 이상 식힌다.
- 식염수로 상처부위를 헹궈준다.
- 상처의 열기가 빠지면 화상연고를 바른 후 붕대를 감아준다. 이때 붕대가 화상부위에 눌려서 붙지 않도록 느슨하게 감아준다.
- 쇼크가 발생하면 응급처치를 시행한다.

주의사항

- 수포가 생기면 터트리지 않는다.
- 피부를 벗겨내지 않는다.
- 상처가 장신구에 밀착돼도 무리하여 제거하지 않는다.
- 얼음은 동상을 유발할 수 있으므로 화상부위에 사용하지 않는다.

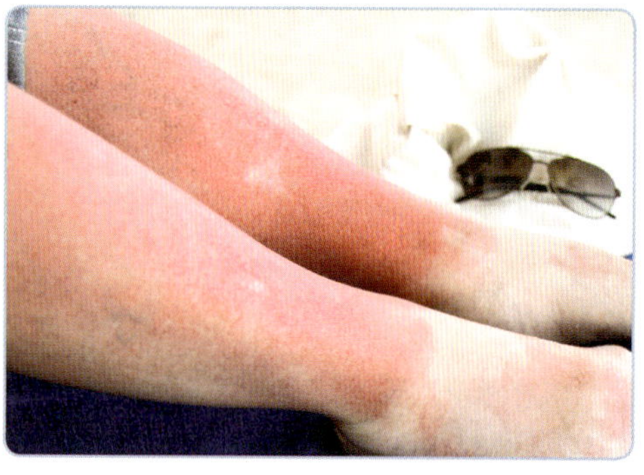

1도 화상(superficial thickness)

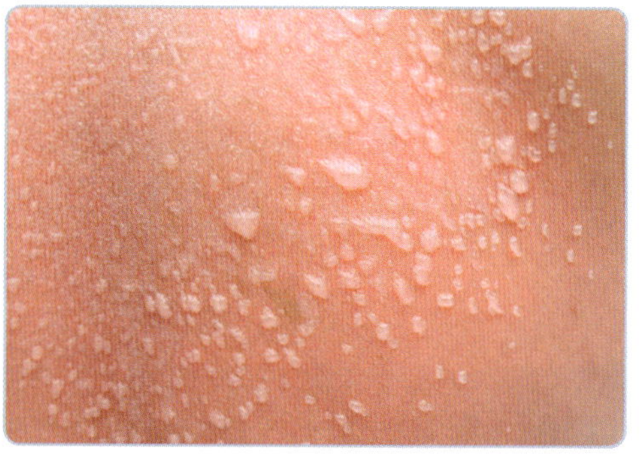

2도 화상(partial thickness)

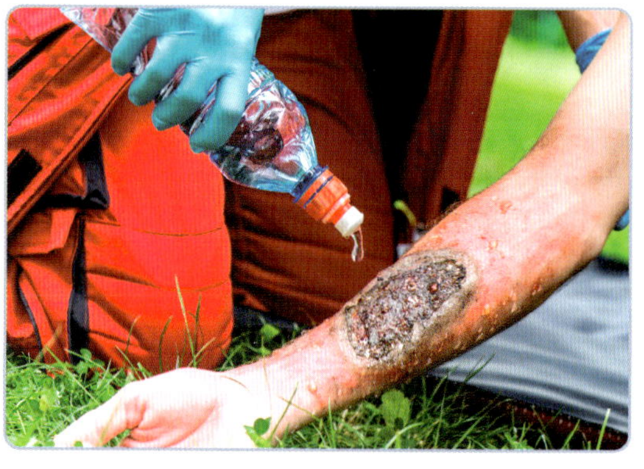

3도 화상(full thickness)

심장마비(heart attack)	
정의	심장의 기능이 갑자기 멈추는 증상
증상	• 가슴이 답답하고 쥐어짜는 듯한 통증이 느껴진다. • 턱부터 시작하여 왼쪽 흉통과 팔까지 뻣뻣한 느낌이 번진다. • 호흡이 힘들어진다. • 발한과 오한을 느낀다. • 구토 • 청색증
처치법	• 환자를 안정시킨다. • 지병을 앓고 있는지 확인한다. • 소지하고 있는 의약품이 있는지 확인한다. • 의료보호 표찰(medical alert symbols)이 있는지 확인한다. • 넥타이, 스카프 등 꽉 조이는 옷이나 액세서리를 느슨하게 푼다. • 무릎 구부려 앉는 자세(half-sitting position)를 취하게 한다. • 휴대용 산소통을 제공한다. • 혈압, 호흡, 체온, 맥박을 확인한다. • 호흡과 의식이 없는 경우 CPR을 시행하고 AED를 사용한다. • 신속하게 전문의료진의 도움을 받는다.

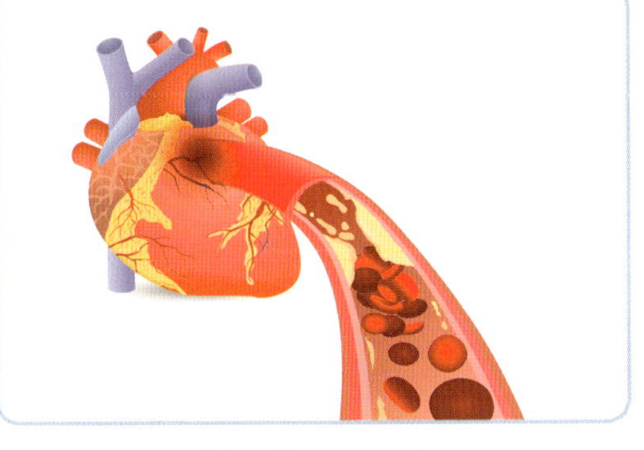

심장마비(heart attack)

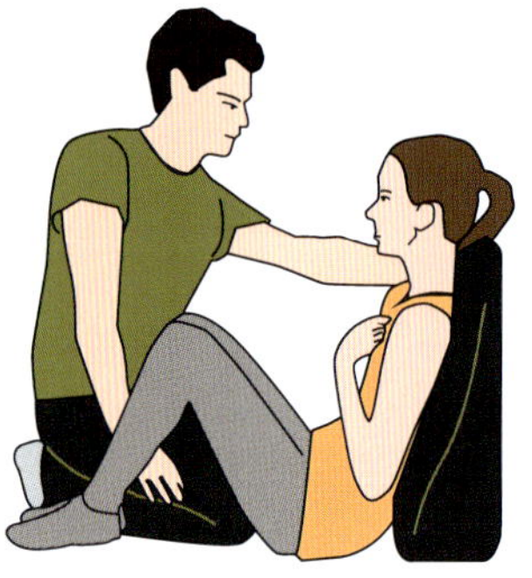

무릎 구부려 앉는 자세(half-sitting position)

뇌졸중(stroke)	
정의	뇌혈류가 막히거나 차단되어 혈관이 터지는 뇌조직의 손상 및 죽음을 말한다.
증상	• 팔, 다리 한쪽의 기능이 약해지고 마비현상이 생긴다. • 말을 어눌하게 한다. • 어지럽거나 두통이 있다. • 몸이 저리고 경련이 발생한다. • 대소변의 통제력이 약해진다. • 시야가 흐려지고 동공의 크기가 비대칭이 된다. • 의식상태가 혼란스럽다. • 심하면 의식을 잃는다.
처치법	• 바닥에 눕히고 상체를 약간 올린다. • 구토가 발생할 경우 고개를 옆으로 돌려준다. • 필요한 경우에는 휴대용 산소통을 제공한다. • 음식물의 섭취를 금한다. • 혈압, 호흡, 체온, 맥박을 확인한다. • 호흡과 의식이 없는 경우 CPR을 시행하고 AED를 사용한다. • 신속하게 전문의료진의 도움을 받는다.

뇌졸중(stroke)

당뇨병(diabetes)	
정의	당뇨병은 탄수화물 대사 조절 호르몬 단백질인 인슐린의 분비량이 부족하거나 정상적인 기능이 이루어지지 않아 발생하는 대사질환으로 당분이 소변에 섞여 나온다. 혈중 포도당의 농도가 부족하면 저혈당, 과다하면 고혈당의 증상이 나타난다.
증상	**저혈당(hypoglycemia)** • 복통 및 구토 • 안면 창백 • 피부가 축축해지고 식은땀이 배출된다. • 두통과 현기증이 발생하고 정신이 혼미해진다. • 무기력하고 피로감을 느낀다. • 불안증세가 나타나고 혼란스럽다. • 공격적이 된다. • 가슴이 두근거리고 손이 떨린다. • 갈증을 느껴 물을 많이 마신다. • 소변을 자주 본다. • 허기를 느낀다.

	고혈당(hyperglycemia) • 호흡이 어려워진다. • 피부가 건조해진다. • 두통이 발생한다. • 구역, 구토 • 맥박이 빠르고 약하다. • 입에서 아세톤 냄새가 난다.
처치법	**저혈당(hypoglycemia)** • 설탕물이나 과일주스와 같이 당분이 높은 음료를 제공한다. • 음식물을 제공한다. • 의식이 없는 경우에는 소량의 설탕을 혀 밑에 넣어준다. **고혈당(hyperglycemia)** • 환자가 소지한 당뇨약을 복용하게 하거나 인슐린 주사를 투약하게 한다. • 물을 충분히 마시게 한다. • 당분이 들어간 음료의 섭취를 금한다.

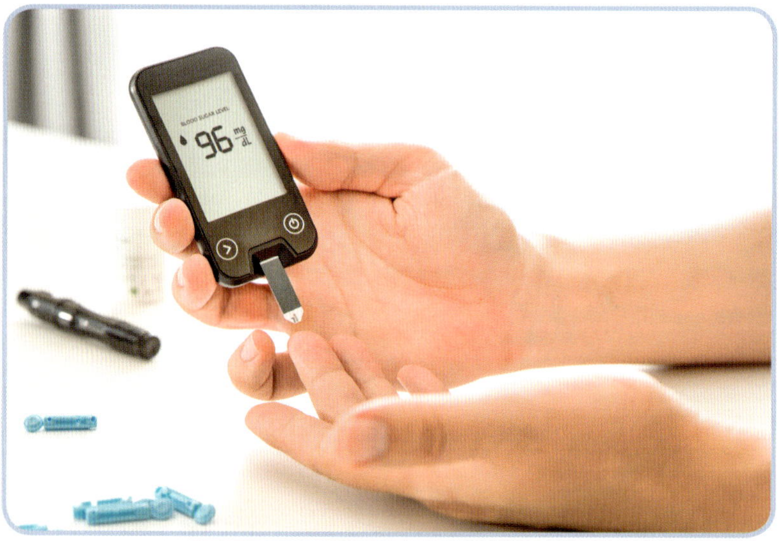

당뇨병(diabetes)

쇼크(shock)	
정의	급성질환이나 상해로 인해 혈액공급이 충분히 이루어지지 않아 신체의 기능이 저하된 상태를 의미한다. 출혈, 심장질환, 탈수, 호흡곤란 감염, 알레르기, 정신적 충격 등에 의해 발생할 수 있다. 증상이 심하면 생명이 위급한 상황으로 진전될 수 있다.
증상	• 안면 창백 • 피부가 차고 축축해진다. • 호흡이 빨라진다. • 맥박이 빠르고 불규칙하다. • 불안감 • 심한 경우 의식을 잃는다.
처치법	• 바닥에 눕히고 기도를 확보한다. • 다리를 심장보다 높게 올린다. • 필요시 휴대용 산소통을 제공한다. • 체온이 떨어지지 않도록 따뜻하게 유지한다. • 신속하게 전문의료진의 도움을 받는다.

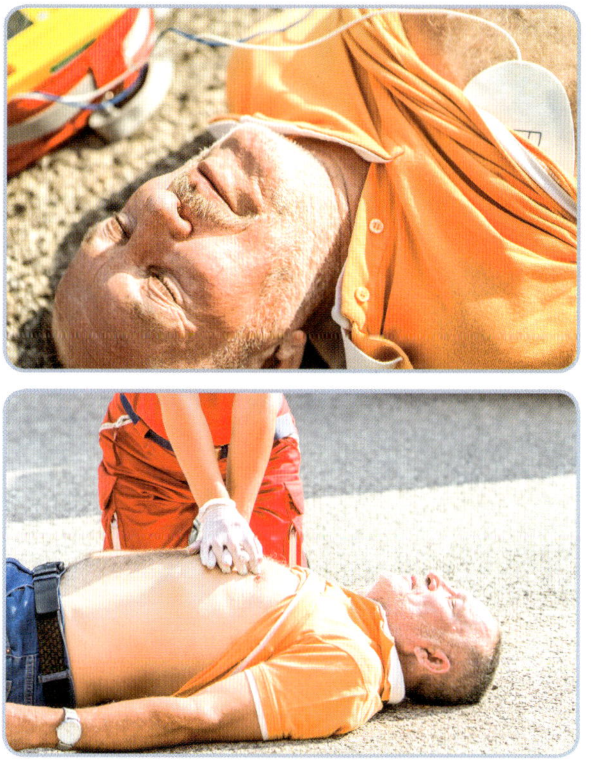

쇼크(shock)

이통(ear distress)	
정의	비행기가 이륙하거나 하강할 때 기압차이로 인해 발생하는 귀 통증을 의미한다.
증상	• 귓속이 멍멍하다. • 귓속을 찌르는 것과 같은 날카로운 통증이 느껴진다. • 귓속에 이물질이 끼어 있는 듯한 느낌이 난다.
처치법	• 귓속을 확장한다는 느낌으로 하품을 한다. • 발살바조작(valsalva maneuver)을 한다. 발살바조작은 입과 콧구멍을 막고 숨을 내뱉는 조작이다. • 침을 삼킨다. • 껌을 씹는다. • 물을 마신다. • 이착륙 시 깨어 있으면서 귀상태를 점검한다. • 이통을 줄이는 약물을 복용한다. • 유아의 경우 젖병을 빨게 하거나 울도록 놔둔다.

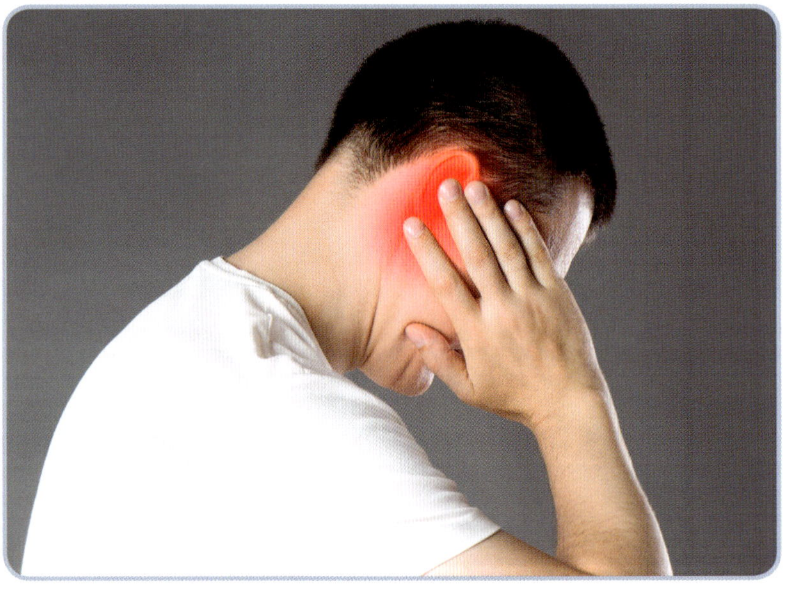

이통(ear distress)

알레르기(allergic reaction)	
정의	음식이나 약을 잘못 섭취하거나 환경의 변화로 인해 신체가 거부 또는 과민반응을 나타내는 것을 의미한다.
증상	• 피부색이 울긋불긋해진다. • 환부에 부종이 나타날 수 있다. • 열이 난다. • 피부가 가렵다. • 혀와 목이 붓는다. • 심한 경우 쇼크가 발생한다.
처치법	• 원인을 파악한다. • 환부에 냉찜질을 한다. • 환자가 소지한 약이 있는지 확인하고 필요시 복용하게 한다. 약을 소지하지 않았을 경우 전문의료인의 처방에 따라 항히스타민제나 EpiPen을 사용한다.

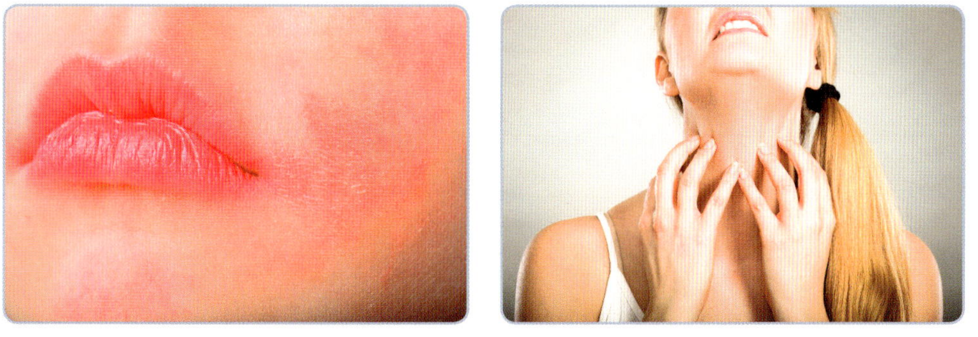

알레르기(allergic reaction)

EpiPen

EpiPen은 알레르기와 아나필락틱 쇼크(anaphylactic shock)에 사용한다. 아나필락틱 쇼크는 항원-항체 면역반응이 원인이 되어 발생하는 격렬한 발작증상을 의미한다.

EpiPen 사용법	
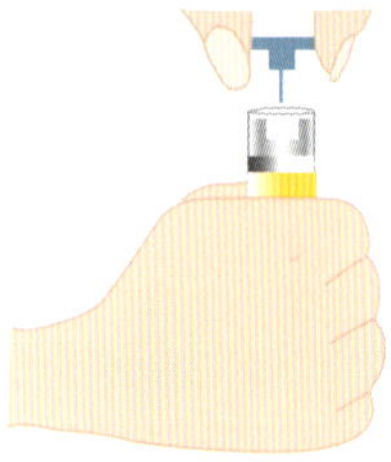	1. 파란색 safety cap을 잡아당겨 제거한다.
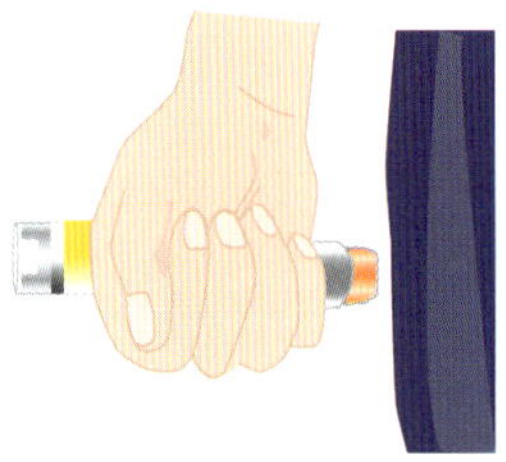	2. 허벅지를 4등분하여 가장 바깥 위쪽 부분에서 10cm 떨어진 부근에 EpiPen의 주황색 끝을 위치시킨다. 옷 위도 무관하다.
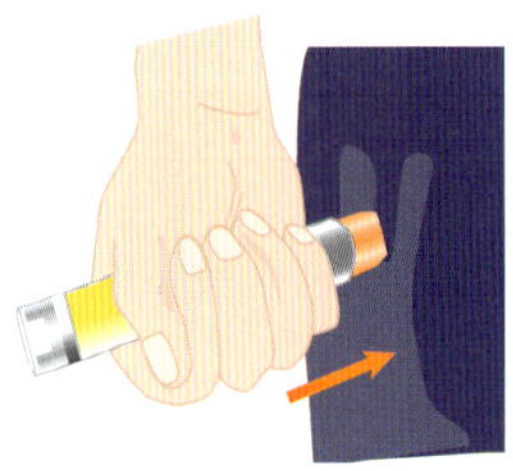	3. EpiPen의 주황색 끝을 허벅지에 가져가 90도 각도로 '딸깍(click)' 소리가 날 때까지 찔러 넣는다. 10초간 누른 채로 가만히 있는다.
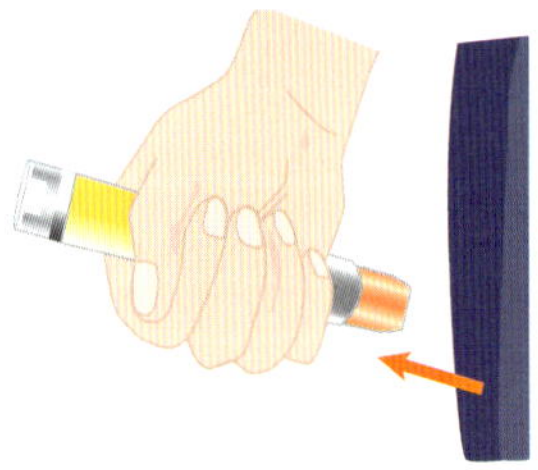	4. EpiPen을 제거하고 주삿바늘이 들어갔던 부위를 10초간 마사지한다.

비출혈(nose bleeding)	
정의	비강점막으로부터 출혈이 생기는 것을 말한다.
증상	콧속의 모세혈관이 터져 코에서 피가 난다.
처치법	• 환자의 머리를 앞으로 살짝 기울이게 한다. • 손가락으로 콧망울 양쪽 아랫부분을 10분간 압박하고 입으로 숨쉬게 한다. • 필요시 미간 사이에 냉찜질을 한다. • 코를 풀거나 킁킁거리는 행동을 금한다.

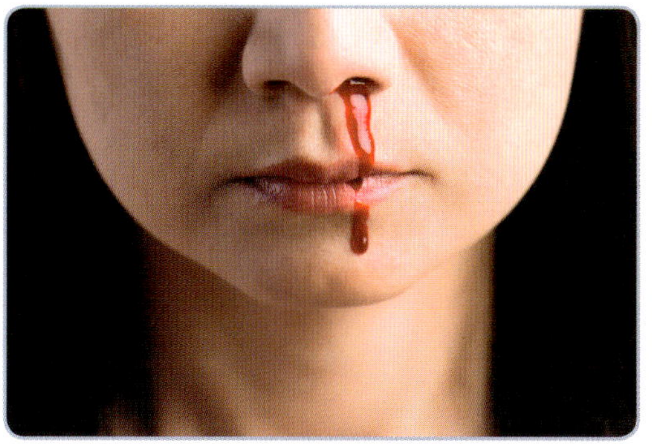

비출혈

출산(childbirth)	
정의	아기를 낳는 일
증상	• 산모는 출산 시 분만단계에 따라 주기적인 진통을 느끼며 이슬, 양수 파막, 출혈 등의 증상이 나타난다.
처치법	• 갤리 바닥에 담요를 깔고 끓인 물, 깨끗한 천, 의료용 장갑, 의료용 가위 등을 준비한다. • 갤리 커튼을 닫고 승객의 출입을 통제한다. **분만 1기** • 산모가 기내출산에 불안감을 느낄 수 있으므로 안정시킨다. • 초기에는 흉식호흡, 후기에는 내쉬는 호흡을 유도한다. **분만 2기** • 진통 주기가 짧아지고 자궁경부가 확장되면서 태아의 머리가 보인다. • 갤리 바닥에 비닐과 깨끗한 천을 깔고 그 위에 산모를 눕게 한다. • 자궁이 수축할 때 힘을 주도록 유도한다. • 태아의 목에 탯줄이 감겨 있을 경우 조심스럽게 푼다. • 태아 머리가 나오면 태아의 배꼽에서 10cm 지점과 15cm 지점을 EMK에 있는 clamp로 각각 집고 clamp 사이의 탯줄의 색이 하얗게 변하면 의료용 가위로 절단한다. • 잘라낸 탯줄은 의료용 밀봉백에 넣어 보관하고 목적지 도착 후 전문의료인에게 전달한다. • 태아의 입과 코를 닦고 입안에 있는 양수와 혈액 등을 제거하여 호흡을 돕는다. • 태아의 건강상태를 확인하고 끓여 식힌 물로 태아의 몸을 닦는다. • 태아를 깨끗한 천으로 감아 체온을 유지시킨다. **분만 3기** • 태아 분만 후 약 30분 뒤에 태반이 만출된다. • 산모를 따뜻하게 하여 체온을 유지시키고 아랫배를 부드럽게 마사지하여 태반의 배출을 돕는다. • 태반이 만출되면 산모의 회음부를 깨끗이 닦아준다. • 만출된 태반을 UPK 안에 있는 용기에 담아 보관하고 목적지 도착 후 전문의료인에게 전달한다.

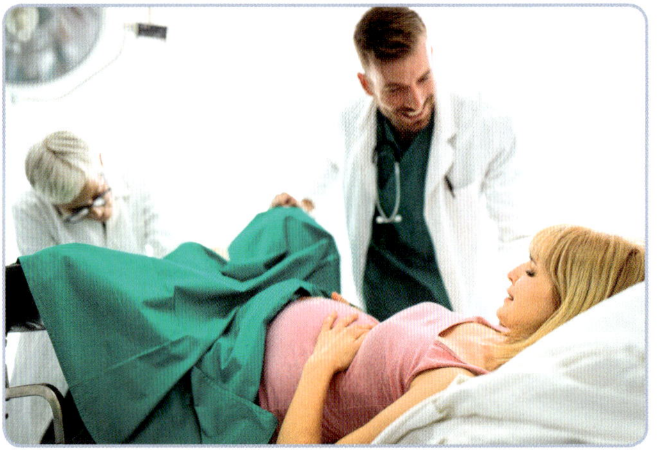

출산(childbirth)

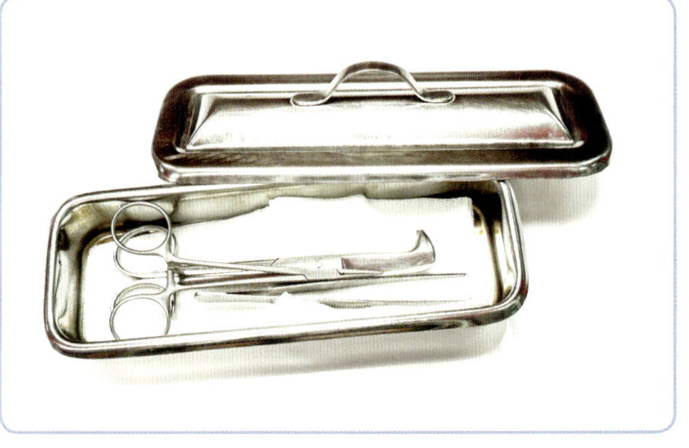

탯줄 clamp

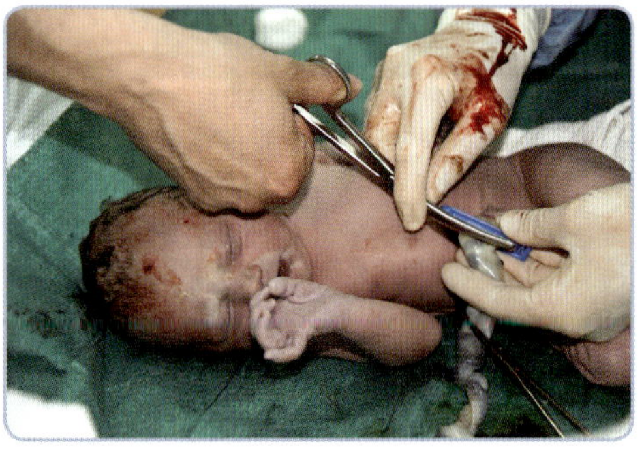

탯줄 clamp로 탯줄 집기

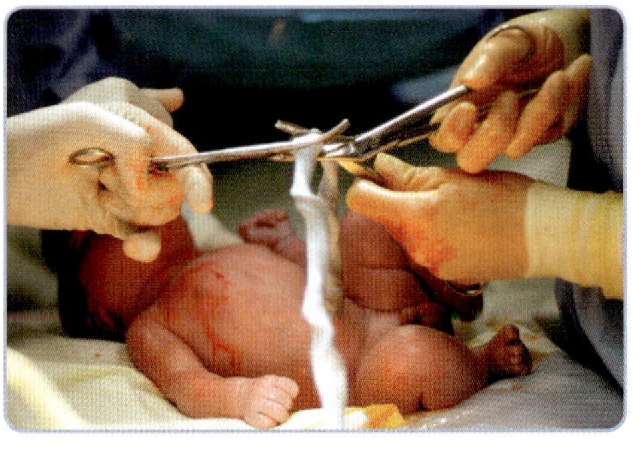

탯줄 자르기

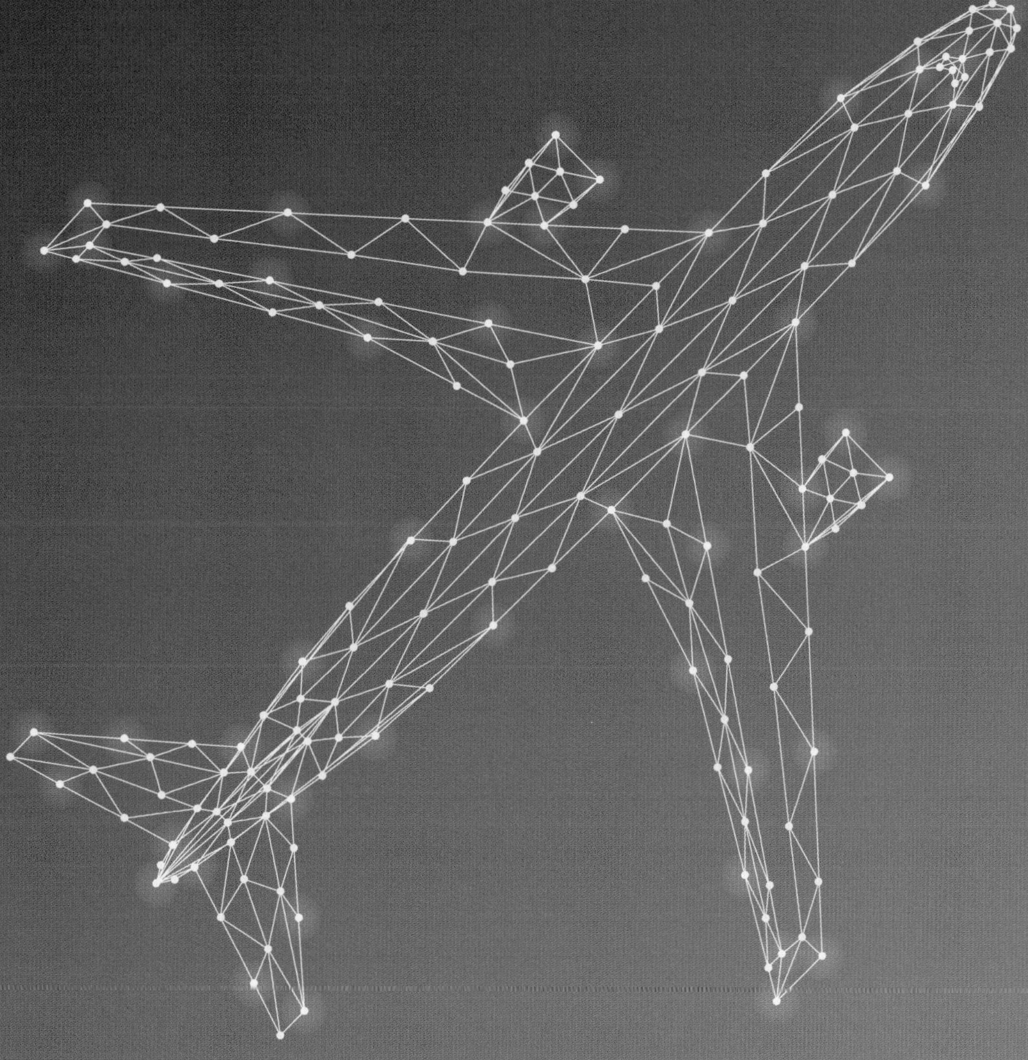

XVI

AI-VR 시뮬레이션

XVI AI-VR 시뮬레이션

목적

1. 항공안전에 관한 최신동향의 전문적이고 심도 있는 이론적 지식을 제공한다.
2. 학생들이 비행 중 감압, 화재와 같은 비상상황 발생 시 관련절차에 의거하여 적절하게 대처하도록 업무수행의 기준을 제시한다.
3. 이론 학습으로 습득한 항공객실안전 기준을 AI-VR 시뮬레이션 비행안전 시스템을 통해 가상 비행상황에서 재현함으로써 비상상황에서 효율적으로 대처하도록 훈련하는 데 그 목적이 있다.
4. 비행기내 방송실무를 통해 전반적인 비행절차를 단계별로 가상현실에서 훈련함으로써 객실 비상절차 업무수행뿐 아니라 평상시의 기내안전 업무수행을 익힐 수 있다.

AI-VR 시뮬레이션 콘텐츠 주요 내용

1. 비행기내 방송실무 4개 상황(탑승 전, 이륙 전, 비행 중, 착륙 후)에 대한 행동절차와 안내방송
2. 기내방송 절차
3. 기내 커뮤니케이션 시스템
4. 비상구 개폐절차
5. 기내화재(화장실 화재상황별 시나리오 3개)에 대한 행동절차
6. 감압 비상상황 행동절차

AI-VR 시뮬레이션 이미지

AI-VR 시뮬레이션에 등장하는 비행기 기종은 B777-300으로 비행기 내부공간이 가상체험의 주요 배경이 된다. 체험자는 AI-VR 시뮬레에션에 등장하는 주요 캐릭터인 여성 객실승무원의 1인칭 시점으로 체험을 하게 된다.

B777-300 객실

시뮬레이션 속 객실승무원

AI-VR 프로그램의 구성 및 구성품

AI-VR 프로그램을 체험하기 위해서는 컴퓨터, AI-VR 프로그램, 컨트롤러 1쌍, 헤드기어의 구성품이 필요하다. 학습자는 헤드기어 안에 설치된 렌즈와 헤드폰을 통해 자신이 체험하는 가상현실을 보고 들을 수 있다.

학생들은 AI-VR 기내실습실 양쪽에 설치된 2대의 모니터와 스피커를 통하여 학습자가 체험하는 가상현실을 함께 시청할 수 있다.

컴퓨터

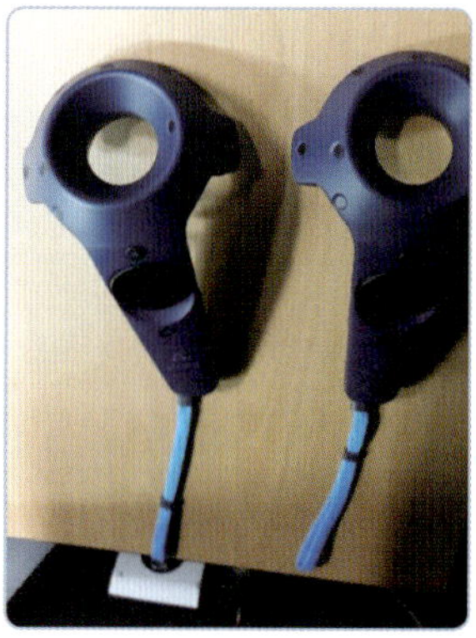

컨트롤러

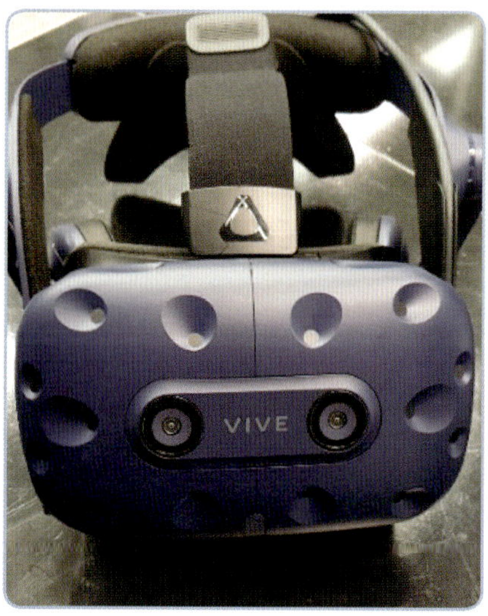

헤드기어

AI-VR 기내실습실

AI-VR 프로그램 사용법

1) 학습자는 컴퓨터 바탕화면에 설치된 AI-VR 프로그램을 실행한 후 AI-VR 기내 실습실 스튜디오의 지정된 위치에 선다.

2) 위생을 위해 일회용 EYE MASK를 착용한 후 컴퓨터에 연결된 헤드기어를 착용한다. 눈과 머리에 맞게 헤드기어의 위치를 조정하고 조절끈을 머리에 맞게 조절한다.

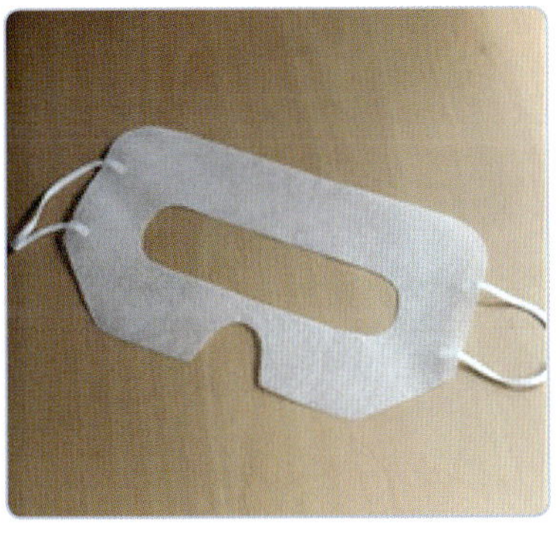

EYE MASK

헤드기어

3) 프로그램 실행 후 가상 키보드화면이 나타나면 컨트롤러 레이저로 자판을 조준하고 상단의 동그란 입력버튼을 눌러 이름과 학번을 입력한다.

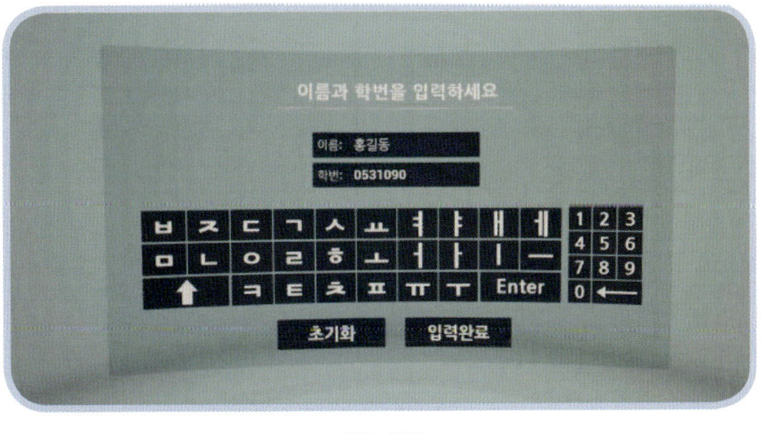

입력 화면

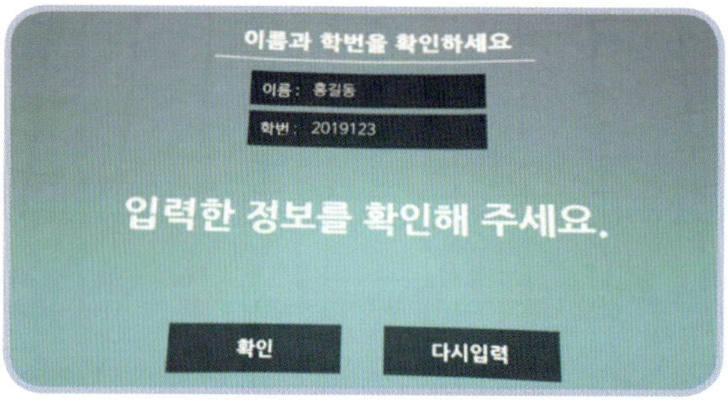

정보입력 확인

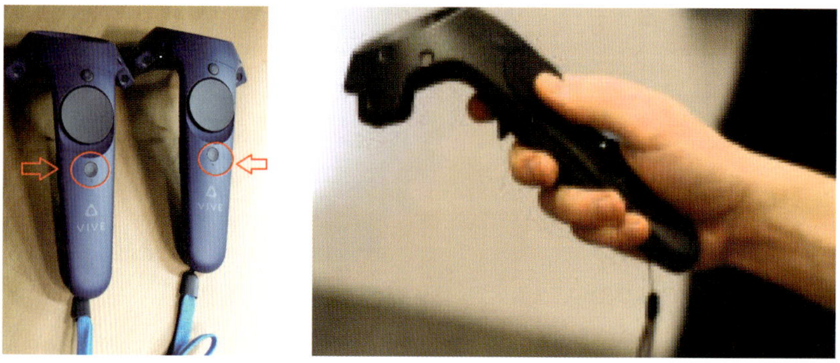

컨트롤러 입력버튼

콘텐츠 재생

세부항목 진입

1) 각 상황에서 학습자는 가상의 비행기 내부에서 주어진 이벤트를 진행한다. 이때 컨트롤러는 손의 형태로 보인다.

행동 도움 아이콘

2) 유도 아이콘과 알림음이 학습자에게 물건의 방향을 알려준다.

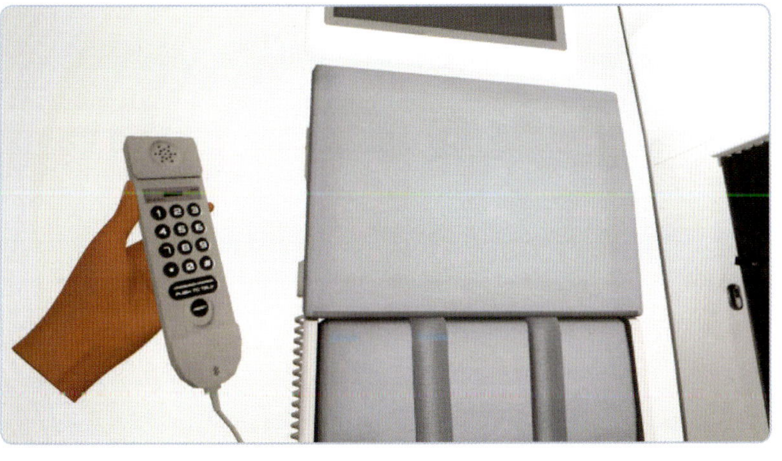

동작하기

3) 유도하는 해당 물체에 컨트롤러를 가져가 방아쇠(트리거)를 당기면 물건을 잡거나 반응한다. 또는 컨트롤러에서 나오는 레이저를 가져가 방아쇠를 당기면 이벤

트가 실행된다.

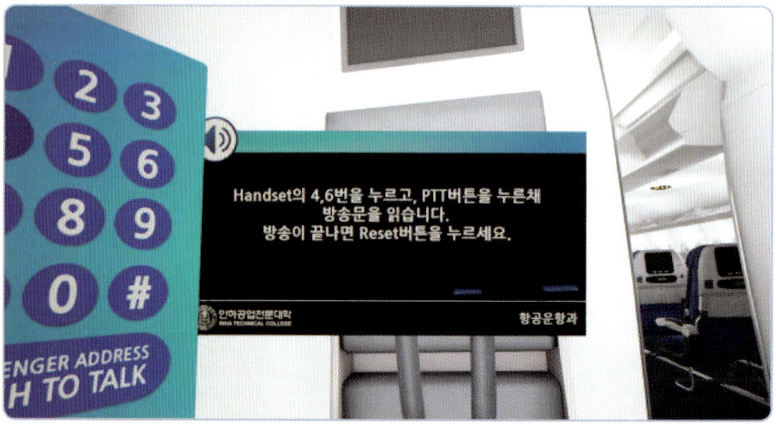

도움말

4) 팝업 도움말이 생성되어 학습자가 해야 할 행동요령을 텍스트로 알려준다. 추가로 내레이션도 함께 제공된다.

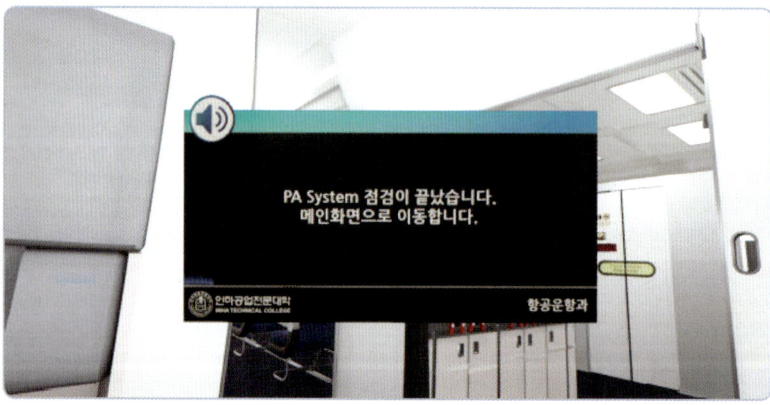

도움말

5) 주어진 행동을 완료하였을 경우, 완료 문구가 화면에 팝업창으로 나타난다. 모든 단계를 완료하면 메인화면으로 이동한다.

AI-VR 감압 시뮬레이션

감압 미션 1

프로그램 실행시간: 약 5분

주제 아이콘 선택

1. 메인화면에서 컨트롤러를 이용하여 감압현상 아이콘을 선택한다.

비행 중 기내상황

2. 비행 중 기내상황 화면이 나타난다. 학습자는 R3 통로에 서 있고 승객들은 기내

좌석에 착석해 있다. **"잠시 후 상황이 시작됩니다"** 메시지가 화면에 나타난다.

기내 감압현상 발생

3. 기체 뒤쪽에서 폭발이 나고 비행기 동체가 심하게 흔들리며 뿌연 연기가 발생한다. 승객들이 공포에 질려 비명을 지른다. **"감압현상이 감지되는 상황이 발생하였습니다. 가까운 빈 좌석에 앉아 벨트를 착용합니다."**
객실에 감압을 알리는 안내방송이 자동 재생된다.

기내 산소마스크 하강

4. 기내 PSU(Passenger Service Unit)에서 산소마스크가 내려온다. 좌석벨트 착용 표시등에 불이 들어오고(Seatbelt Sign On), 금연 표시등이 켜진다(No Smoking Sign On).

운항승무원은 급하강(emergency descent)을 시작한다.

좌석벨트 착용 지시

5. 1번 미션: **"감압현상이 발생했습니다."**

"가까운 빈 좌석에 앉아 벨트를 착용하세요."

두 개의 컨트롤러를 좌석벨트 가까이에 가져가 방아쇠(트리거)를 당긴다.

미션 통과

좌석벨트를 착용하면 미션이 통과된다.

좌석벨트와 산소마스크 착용 지시

6. **"승객들에게 벨트를 매고 산소마스크를 쓸 것을 지시합니다."**
산소마스크를 착용하지 않은 승객을 향해 컨트롤러의 방아쇠(트리거)를 당기면서 소리친다.
"벨트 매세요. 산소마스크 당겨 쓰세요."
3명의 승객에게 소리친다.

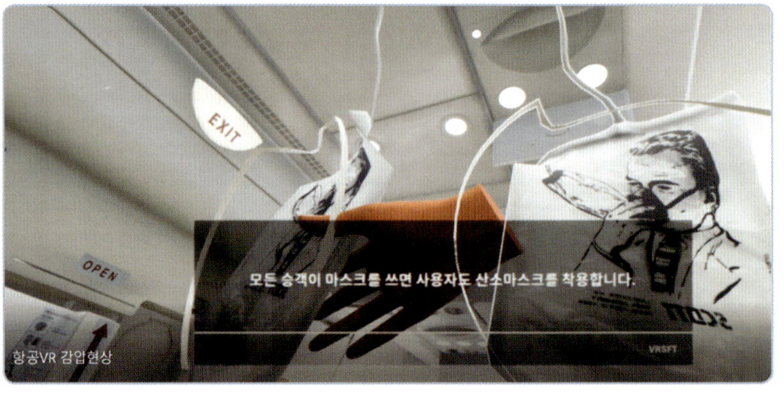

객실승무원 산소마스크 착용

7. **"모든 승객이 마스크를 쓰면 학습자도 산소마스크를 착용합니다."**
"컨트롤러의 방아쇠(트리거)를 당겨 마스크를 잡은 후 얼굴에 가져가세요."

승무원 산소마스크 착용 미션 통과

학습자가 벨트를 매고 산소마스크를 착용하면 다음 미션으로 진행된다. 미션을 하지 않거나 잘못하는 경우 다음으로 넘어가지 않는다.

감압 미션 2

안전고도 진입

1. 비행기가 안전고도로 강하하여 일정고도에 도달한다.

산소통 휴대

2. **"벨트를 풀고 일어나 좌석에 앉아 있는 승객들을 확인하세요."**
   학습자는 산소통을 메고 기내를 순회(walk-around)하며 승객 중에 호흡곤란을 호소하는 승객이 있는지 모니터링한다.

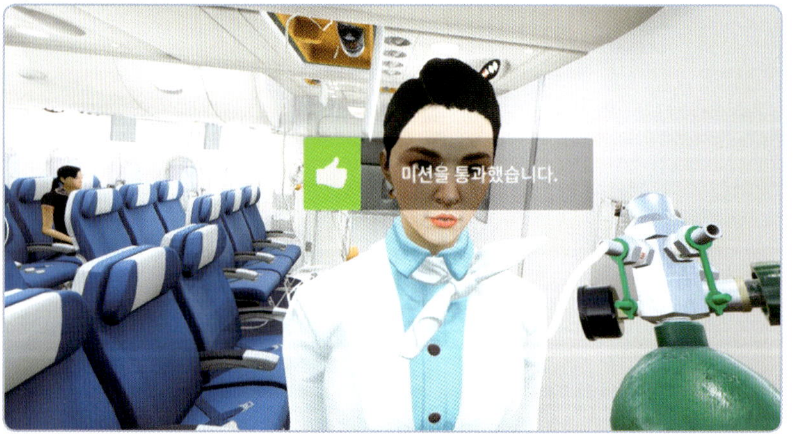

휴대용 산소통 연결 미션 완료

산소마스크를 휴대용 산소통에 연결하면 미션이 완료된다.

저산소증 환자 발견

3. 상황파악을 위해 객실을 순회한다.

미션 종료

호흡곤란을 호소하는 승객을 찾으면 미션이 완료된다.

감압 미션 3

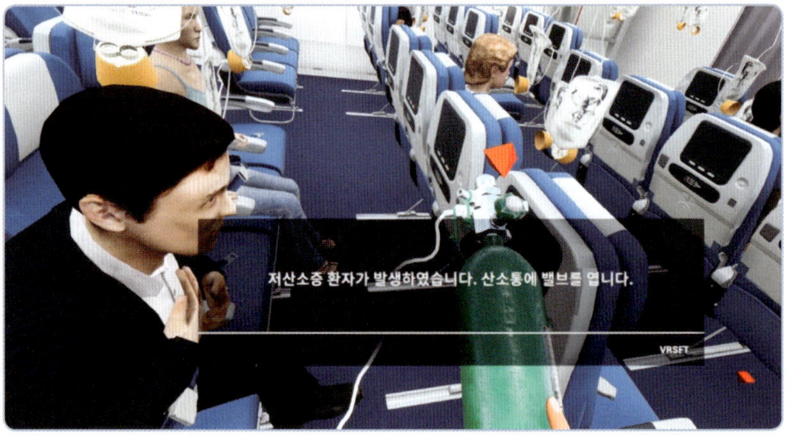

산소통 휴대

1. "산소통을 찾아 저산소증 환자의 호흡을 도와줍니다."

산소통을 찾아 어깨에 메고 오른손으로 산소통 상단을, 왼손으로 산소통 바닥을 받치고 이동한다.

미션 종료

"환자의 산소마스크를 산소통 아울렛에 연결 후 밸브를 열어 산소가 나오는지 확인하세요."

산소마스크로 산소가 나오는지 확인하고 승객의 코와 입 위에 산소마스크를 씌운다. 승객이 산소마스크를 착용하면 모든 미션이 종료된다.

AI-VR 화재 시뮬레이션

화장실 화재 미션 1

프로그램 실행시간: 약 7분

메인 정보 화면(1)

메인 화면에서 화장실 화재를 선택한다.

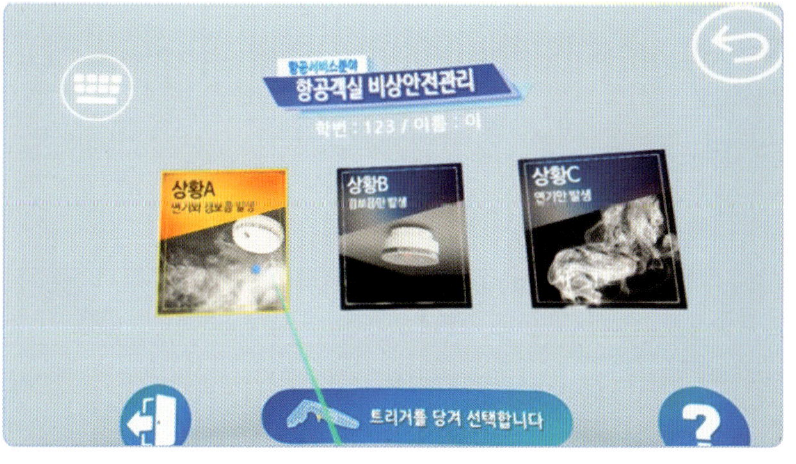

메인 정보 화면(2)

상황 A: 연기와 경보음 발생

상황 B: 경보음만 발생

상황 C: 연기만 발생

3가지 이벤트가 화면에 나타난다. 상황 A를 선택한다.

메인 정보 화면(3)

전방 화장실의 문틈에서 흰 연기가 피어오른다. 곧이어 연기감지기(smoke detector) 경보음이 울린다.

"화장실에 화재가 발생하였습니다."

"화장실 문을 두드려 승객이 없음을 확인하세요."

"주먹을 쥘 때는 컨트롤러의 방아쇠(트리거)를 당기세요."

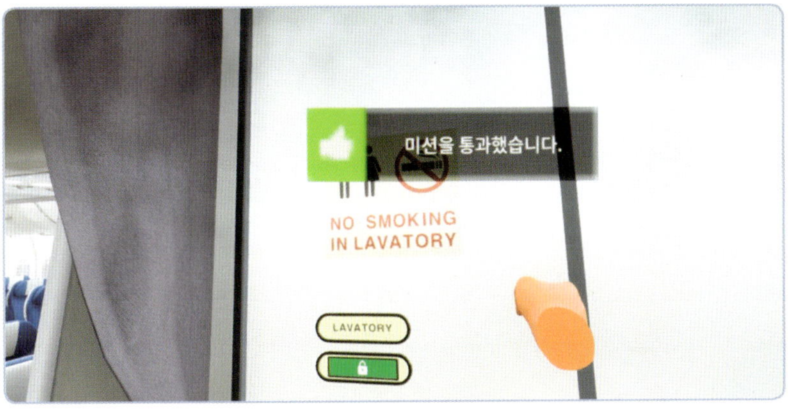

미션 통과

학습자가 화장실 문을 두드리면 다음 미션으로 진행된다.

미션 통과

"승객이 없는 것으로 판단되며 화기와 열기가 감지됩니다."

"다음에 할 수 있는 행동을 취해주세요."

문의 열기 확인

문의 열기를 손등을 이용하여 조심스럽게 확인한다.

미션 통과

손등으로 화장실 문의 열기를 확인하면 다음 미션으로 진행된다.

화재관련 정보 공유

"주변의 인터폰을 찾아 화재관련 정보를 공유하세요."

"인터폰을 들고 "EMER" 버튼을 길게 누르세요."

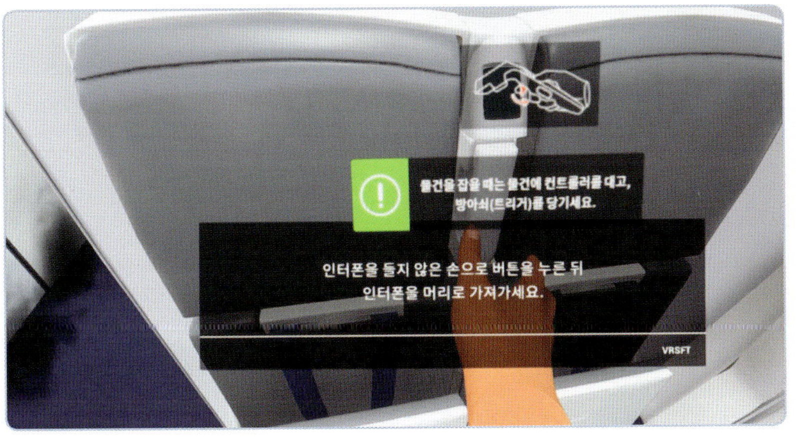

인터폰 사용

"컨트롤러를 물건에 가져간 후 컨트롤러의 방아쇠(트리거)를 당기세요."

인터폰 키패드 입력

"버튼을 누를 때는 패드의 중앙을 누르세요."

화재 진압 도움 요청

인터폰을 찾아 얼굴에 가져가면 자동으로 내레이션 화면이 나타난다.

승객 안내방송

승객들에게 안내방송을 진행하라는 화면이 나타난다.

승객 안내방송 시행

안내방송문을 낭독한다.

"비행기 앞쪽에 있는 왼쪽 화장실에서 화재가 발생하여 승무원이 진압 중에 있습니다. 승객 여러분 동요하지 마시고 승무원의 지시에 협조해 주시기 바랍니다."

"There was a fire incident from the lavatory. The cabin crew has controlled the fire. Please remain calm and follow the instructions of the cabin crew."

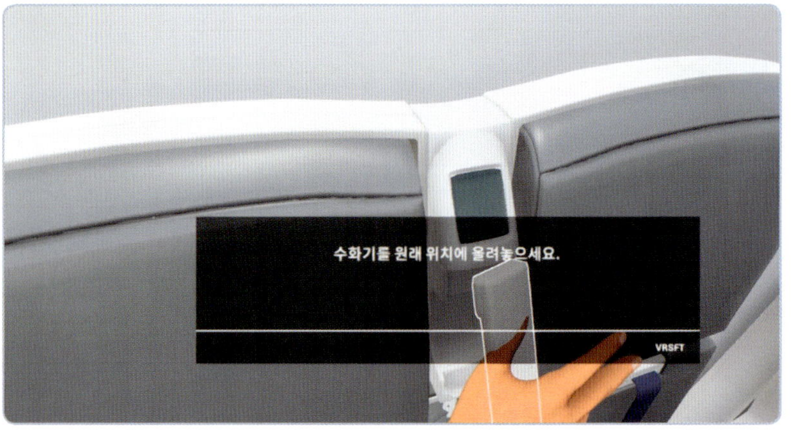

인터폰 사용 종료

안내방송이 끝나면 인터폰을 제자리에 올려놓는다.

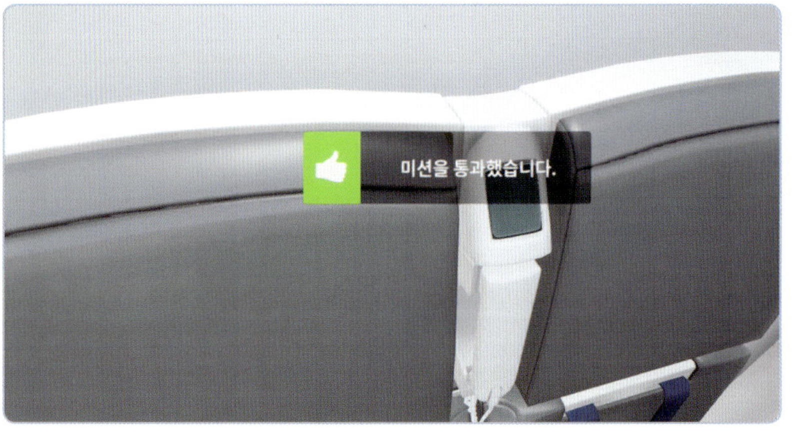

미션 통과

학습자가 인터폰을 들어 'EMER' 버튼을 누르면 다음 미션으로 이동된다.

화장실 진입

현재 상황을 보고하고 다른 승무원의 도움을 받아 화재진압 준비를 한다.

미션 통과

손도끼로 화장실 손잡이를 내리친다.

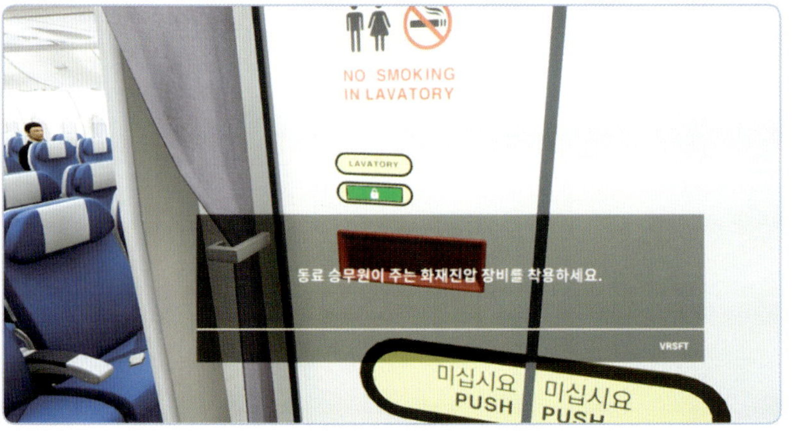

화재 진압장비 착용

"동료 승무원이 주는 화재 진압장비를 착용하세요."

PBE 착용

"PBE"를 착용할 때는 장비를 들어 머리에 가져가세요."

"물건을 잡을 때는 물건에 컨트롤러를 대고, 방아쇠(트리거)를 당기세요."

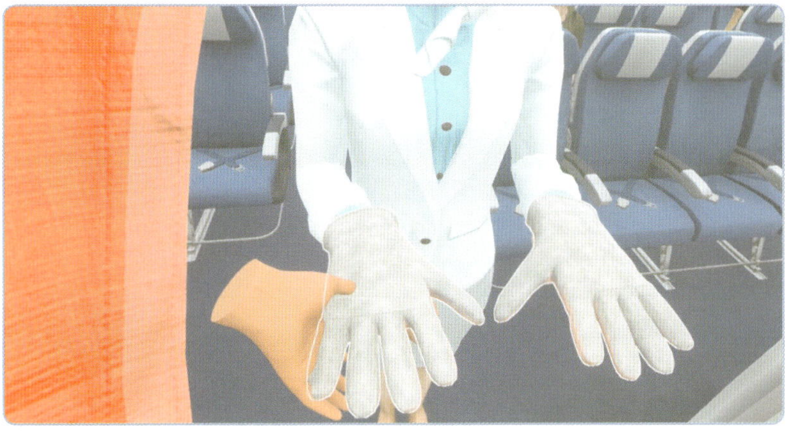

석면장갑 착용

동료가 건네주는 석면장갑을 착용한다.

HALON 소화기 준비

동료가 건네주는 소화기를 받는다.

"왼손으로 소화기를 잡고 오른손으로 부착 끈과 안전핀을 뽑습니다."

"안전핀을 뽑을 때는 오른손 컨트롤러의 방아쇠(트리거)를 당기세요."

학습자가 화재진압 장비를 모두 착용하면 다음 미션으로 진행된다.

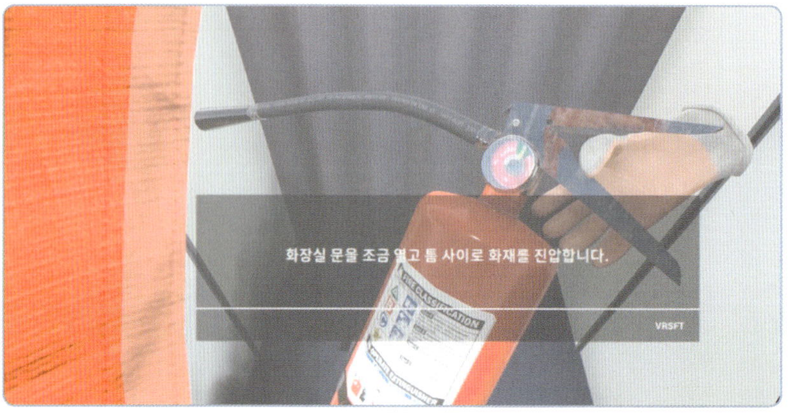

화재 확인

"화장실 문을 조금 열고 틈 사이로 화재를 확인하세요."

화장실 문을 열면 다음 미션으로 넘어간다.

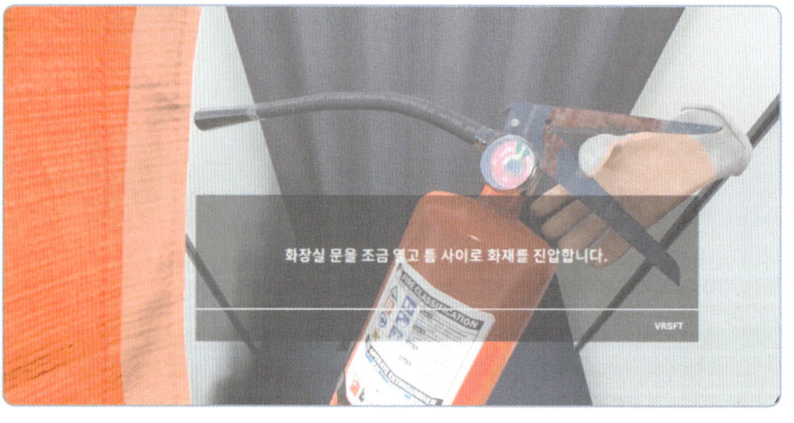

화재 확인

"화장실 문을 조금 열고 틈 사이로 화재를 확인하세요."

발을 이용하여 화장실 문을 열면 다음 미션으로 넘어간다.

HALON 소화기 분사

"화재가 확인되면 소화기의 노즐 끝을 문틈으로 넣어 위쪽에서 아래쪽으로 분사하세요."

"소화액이 없으면 소화기를 교체하여 화재를 진압하세요."

화장실 화재 진압

학습자가 소화기를 이용하여 화재를 진압하면 다음 미션으로 진행된다.

화장실 진입

화재가 어느 정도 진압된 상태이다.

"화장실 문을 열어 연기를 제거하세요."

"화재 근원지를 확인하고 2차 소화액을 분사하세요."

화장실 쓰레기통 내부의 잔불을 확인하고 소화액을 분사한다.

화재 근원지 진화

학습자가 화재 근원지를 확인하고 2차 소화액을 분사한다.

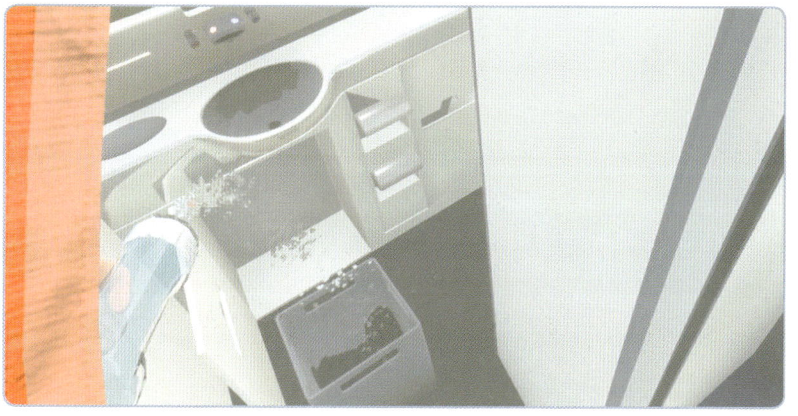

잔불 및 화기 제거

동료 승무원에게 물을 받아 화재 근원지(쓰레기통 내부)에 잔불 및 화기를 제거한다.

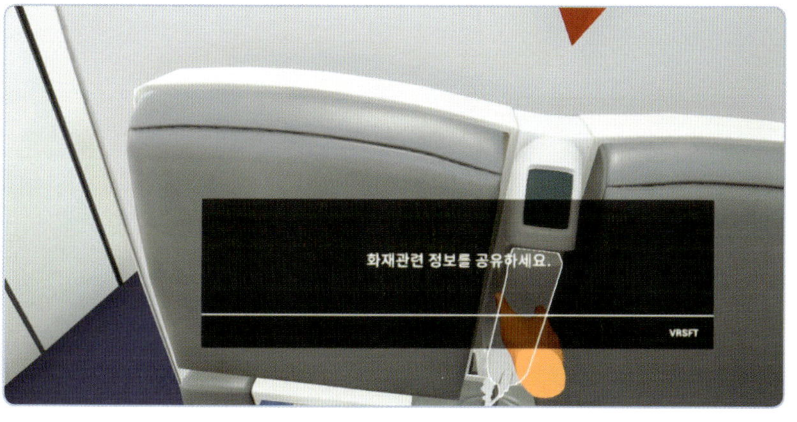

화재관련 정보 공유

점프싯으로 돌아가 인터폰을 든다.

인터폰 사용

인터폰으로 All Attendant Call을 건다.

승무원들 간의 정보 공유

인터폰으로 동료 승무원들에게 화재진압 소식을 알린다.

"승무원 여러분, 화재가 완전히 진압되었습니다. 각 담당지역의 승객들에게 개별안내 부탁드립니다."

인터폰 사용

안내방송을 실시한다.

승객 안내방송

"손님 여러분, 화재가 완전히 진압되었습니다."

"불편을 끼쳐드려 죄송합니다."

"Ladies and gentlemen, the fire in the lavatory has been turned out(extinguished) and everything is alright now."

"We are sorry for the incident and the inconvenience."

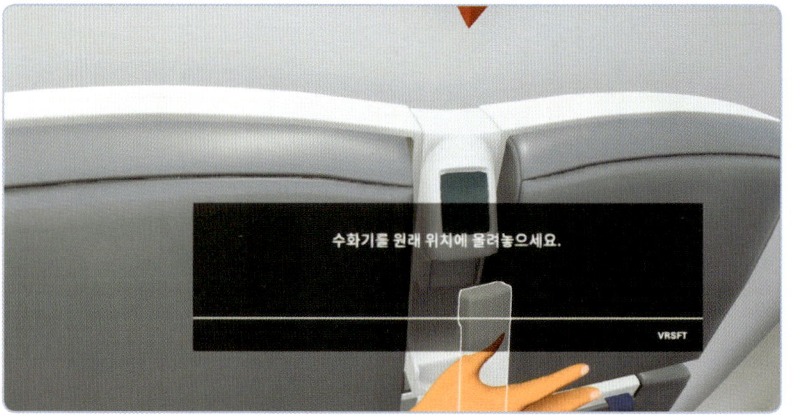

인터폰 종료

Handset을 제자리에 올려놓으면 미션이 종료된다.

항공기내 방송실무

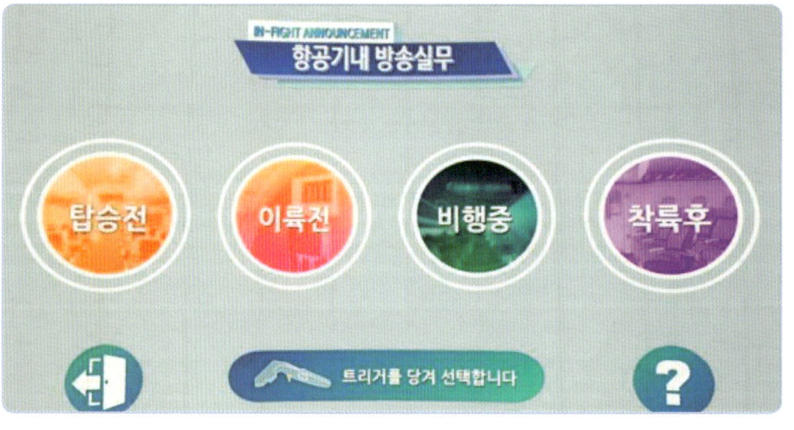

비행기내 방송실무 메인 화면

항공기내 방송실무는 탑승 전, 이륙 전, 비행 중, 착륙 후의 4메뉴로 구성되어 있다

상황별 시나리오

내레이션

"항공기내 방송실무를 체험할 수 있는 공간입니다."

"체험자는 상황에 따라 올바른 행동을 진행해 주세요."

"체험할 준비가 되었다면 오른손에 들고 있는 컨트롤러의 방아쇠를 당겨주세요."

1) PA(Public Address) Test 방송

승객 탑승 전 PA(Public Address) Test 방송을 진행한다.

내레이션

"방송 담당 승무원이 되어 승객 탑승 전 PA System 점검을 진행하십시오."

"가까운 Jump Seat Handset을 컨트롤러로 잡으세요."

"물건을 쥘 때는 잡고자 하는 물건에 컨트롤러를 대고 방아쇠(트리거)를 당기세요."

■ Handset을 잡았을 경우

Handset의 4, 6번을 누르고 PPT 버튼을 누른 채 방송문을 읽는다. 방송이 끝나면 Reset 버튼을 누른다.

내레이션

"Handset을 들지 않은 손으로 컨트롤러의 방아쇠를 당긴 채 버튼을 눌러주세요."

■ Handset의 PPT를 누를 경우

> 승무원 여러분, 지금부터 기내 음향상태 점검을 위한 TEST를 시작하겠습니다.
> 이 비행기는 도쿄까지 가는 ○○ 항공 701편입니다.
> Ladies and gentlemen, this is flight 701, bound for Tokyo.
> 이상입니다. Galley별로 모니터링 결과를 알려주십시오.

■ Handset의 Reset을 누를 경우

내레이션

"Handset을 제자리에 놓으세요."

내레이션

승무원 A – **"C zone 이상 없습니다."**

승무원 B – **"B Zone 이상 없습니다."**

승무원 C – **"C Zone 이상 없습니다."**

PA System 점검이 끝나면 메인화면으로 이동한다.

2) 승객 탑승 중

승객에게 좌석을 안내한다.

■ Preparation for departure

비행기 출발 5분 전에 Preparation for departure 방송을 진행한다.

가까운 점프싯의 Handset을 컨트롤러로 잡는다.

Handset의 4, 6번을 누르고 PTT 버튼을 누른 채 방송을 진행한다. 방송이 끝나면 Reset 버튼을 누른다.

> 손님 여러분, 도쿄까지 가는 ○○ 항공 701편, 곧 출발하겠습니다.
> 기내에서 승무원의 업무를 방해하는 행위, 전자담배를 포함한 흡연, 전자기기 사용기준 위반은 항공 보안법에 따라 금지돼 있습니다. 감사합니다.
> Ladies and gentlemen, this is Korean Air flight for Tokyo.
> We will be departing shortly.
> Aviation Security Laws prohibit smoking, disturbing crew members, and using non-approved electronic devices during the flight.

Preparation for departure 방송이 끝나면 메인화면으로 이동된다.

3) 탑승 완료 후 Door Close and Safety Check

승객 탑승이 모두 끝난 상황에서 승무원이 열려 있는 Door 근처에 있다.

Boeing 777 기종의 Door Close and Safety Check를 진행한다.

내레이션

"승객 탑승이 완료되었습니다. Door Close를 진행합니다."

"Assist Handle을 잡고 Door 중앙의 Gust lock Release Handle을 당겨 Gust lock을 해제합니다."

"Gust lock Release Handle을 잡고 Door를 안쪽으로 당깁니다."

"Door가 거의 닫히면 Operation Handle을 화살표 역방향으로 완전히 돌려 Door를 닫습니다."

객실사무장의 인터폰 지시에 따라 Slide Mode를 변경하고, 객실사무장에게 Safety Check 완료보고를 한다.

Door 옆에 있는 점프싯에서 (HI-LO) Chime이 울리며 인터폰 위쪽에 있는 ACP(Area Call Panel) 핑크색 불이 깜빡인다.

내레이션

"All Attendant Call이 오면 점프싯의 Handset을 컨트롤러로 잡아 얼굴로 가져가세요."

Handset에서 객실사무장의 목소리가 들린다.

CABIN CREW, SAFETY CHECK AND CROSS CHECK.

Door Mode를 정상위치에서 팽창위치로 변경한다.

건너편 문에 서 있는 승무원이 Door Mode를 팽창위치로 변경하고 엄지손가락으로 Door Mode 선택 레버를 가리키며 학습자를 바라보고 있다.

내레이션

"엄지손가락을 위로 세워 Door Mode 선택 레버를 가리키면서 건너편 도어에 서 있는 승무원을 바라보며 서로 확인합니다."

문 옆에 있는 점프싯에서 (HI-LO) Chime이 울리며 인터폰 위쪽에 있는 ACP(Area Call

Panel) 핑크색 불이 깜빡인다.

■ Handset을 잡았을 경우

"L4 Safety Check하였습니다."

객실사무장에게 Safety Check 보고를 한다.

내레이션

"All Attendant Call이 울리는 점프싯의 인터폰을 컨트롤러로 잡아 보고를 합니다."

■ Handset을 제자리에 끼워놓을 경우

Door Close and Safety Check가 완료되고 메인화면으로 이동한다.

4) Welcome : General(국제선) 방송

동료승무원이 Welcome 인사를 위해 통로 전방으로 이동하여 스탠바이 상태로 준비하고 있다.

내레이션

"탑승한 승객에게 탑승환영 안내방송을 진행합니다."

"가까운 점프싯의 Handset을 컨트롤러로 잡으세요."

■ Handset을 잡았을 경우

인터폰의 4, 6번을 누르고 PTT 버튼을 누른 채 Welcome 방송을 진행한다.

'손님 여러분, 안녕하십니까'에 맞춰 동료승무원들이 인사를 한다.

방송이 끝나면 Reset 버튼을 누른다.

■ Handset의 PPT를 누를 경우

손님 여러분, 안녕하십니까.
○○○○ 회원사인 저희 ○○ 항공은 여러분의 탑승을 진심으로 환영합니다.
이 비행기는 도쿄까지 가는 ○○ 항공 701편입니다.
저희 승무원들은 여러분께서 안전하고 편안하게 여행하실 수 있도록 정성을 다하겠습니다.
노트북 등 큰 전자기기는 좌석 하단 또는 기내 선반에 보관해 주시기 바랍니다.
비행 중 여러분의 안전을 담당하는 안전요원인 승무원의 지시에 협조해 주시기 바라며, 계속해서 잠시 승무원을 주목해 주시기 바랍니다.

Good morning, ladies and gentlemen, we would like to welcome you onboard OO Air, a member of OOOO.
This is flight 701, bound for Tokyo.
During the flight, our cabin crew will be happy to assist in any way we can.
Larger devices such as laptops must be stowed in the overhead bins or under the seat in front of you.
Please cooperate with cabin crew who act as safety officers during the flight.
Also, we ask that you direct your attention to the video screen for important safety information.

■ Handset의 Reset을 누를 경우

내레이션

"Handset을 제자리에 놓으세요."

■ Handset을 제자리에 끼워놓을 경우

Welcome 방송을 마치고 메인화면으로 이동한다.

5) 이륙 후 비행 중 – Seatbelt Sign Off: 좌석벨트 상시착용 안내방송

비행기가 이륙하여 순항고도에 이른다. (Hi) Chime이 나며 좌석벨트 표시등이 꺼진다.

내레이션

"Seatbelt Sign Off: 좌석벨트 상시착용 안내방송을 진행합니다."

"가까운 점프싯의 Handset을 컨트롤러로 잡으세요."

■ Handset을 잡았을 경우

Handset의 5, 4번을 눌러 All Attendant Call을 한 다음,

'방송 모니터링 부탁합니다.'라고 동료승무원들에게 요청한다.

내레이션

"승무원에게 모니터링을 요청합니다."

Handset의 4, 6번을 누르고 PPT를 누른 채 좌석벨트 상시착용 안내방송을 한다. 방송이 끝나면 Reset 버튼을 누른다.

> 손님 여러분,
> 방금 좌석벨트 표시등이 꺼졌습니다.
> 그러나 비행기가 갑자기 흔들리는 경우에 대비해 자리에서는 항상 좌석벨트를 매시기 바랍니다. 또한 전자담배를 포함한 기내에서의 흡연은 항공보안법에 따라 엄격히 금지돼 있음을 알려드립니다.
> 감사합니다.
>
> Ladies and gentlemen, the captain has turned off the seatbelt sign. But we recommend that you keep your seatbelt fastened at all times.
> You are also reminded that smoking and the use of electronic cigarettes are again the law.
> Thank you.

좌석벨트 상시착용 안내방송을 마치면 메인화면으로 이동한다.

6) 이륙 후 비행 중 - Seatbelt Sign Off: 좌석벨트 상시착용 안내방송

기내 서비스 중 갑자기 비행기가 흔들리면 (HI-HI) Chime이 울리며 좌석벨트 표시등이 켜진다. 음료 카트의 페달을 밟아 고정한다.

난기류 방송을 진행한다.

내레이션

"Turbulence가 발생하였습니다."

"Cart를 고정하기 위해 컨트롤러를 페달에 대고 방아쇠를 당겨주세요."

"페달을 밟은 후에 가까운 점프싯으로 이동해 주세요."

점프싯에 착석하여 shoulder harness를 맨다.

점프싯에 있는 Handset을 컨트롤러로 잡아 난기류 방송을 한다.

■ Handset을 잡았을 경우

Handset의 4, 6번을 누르고 PPT 버튼을 누른 채 방송문을 읽는다. 방송이 끝나면 Reset 버튼을 누른다.

> 손님 여러분, 좌석벨트를 매주시기 바랍니다.
>
> Ladies and gentlemen, please fasten your seatbelt.

Handset을 제자리에 놓는다.

점프싯에 앉은 상태로 **"비행기가 흔들립니다. 좌석벨트를 매주십시오."**라고 외치며 컨트롤러의 방아쇠를 잡아당긴다. 좌석벨트를 착용하지 않은 승객에게 좌석벨트 착용을 지시한다.

비행기가 한동안 흔들리고 좌석벨트 표시등이 켜져 있다. 음료 카트가 흔들려 승객이 붙잡는다. 승객이 외친다. **"승무원, 토할 것 같은데 화장실 가도 되나요?"** 속이 안 좋은 승객을 찾아 컨트롤러의 방아쇠를 당기면서 대답한다.

"앞좌석 주머니 속의 구토봉투를 이용하시고, 자리에 그대로 앉아 계십시오."

승객이 구토봉투를 꺼내어 얼굴을 감싼다.

기장의 목소리가 들린다.

"네, 기장입니다."

승무원이 객실상황을 보고한다.

"화장실을 가고 싶어 하는 승객들이 많은데 상황이 어떤가요?"

기장의 목소리가 들린다.

"아직 상황이 안 좋으니 좀 더 기다리십시오."

Handset의 4, 6번을 누르고, PTT 버튼을 누른 채 난기류 2차 방송을 실시한다.

방송이 끝나면 Reset 버튼을 누른다.

■ Handset의 PPT를 누를 경우

좌석벨트 착용 표시등이 켜진 채, 장시간 흔들릴 경우

손님 여러분, 비행기가 계속해서 흔들리고 있습니다.
좌석벨트를 매셨는지 다시 한 번 확인해 주시고 화장실 사용은 삼가시기 바랍니다.
(또한 유아를 동반한 손님께서는 비행 안전을 위해 유아를 안아주시기 바랍니다.)

Ladies and gentlemen,
We are continuing to experience turbulence.
Please remain seated with your seatbelt fastened and refrained from using the restroom.
(If you are traveling with infant, we ask you to take your baby out of the bassinet.)

Handset을 제자리에 놓는다. 난기류 방송을 마치면 메인화면으로 이동한다.

7) 착륙 전 Approaching 방송

고도 20,000ft 착륙 20분 전 비행기가 하강하기 시작한다. (HI-HI-HI) Chime이 울리며 좌석벨트 표시등이 3회 깜빡거린다.

착륙 전 Approaching 방송을 진행한다.

내레이션

"고도 20,000ft, 비행기 착륙 약 20분 전 Approaching 방송을 진행합니다."

"가까운 점프싯의 Handset 컨트롤러를 잡으세요."

■ Handset을 잡았을 경우

Handset의 4, 6번을 누르고 PPT 버튼을 누른 채 방송문을 읽는다. 방송이 끝나면 Reset 버튼을 누른다.

■ Handset의 PPT를 누를 경우

손님 여러분,
우리 비행기는 곧 착륙하겠습니다.
좌석벨트를 매주십시오.
그리고 창문 덮개는 열어두시기 바랍니다.
감사합니다.

Ladies and gentlemen,
we will be landing shortly.
Please fasten your seatbelt and open your window shades.
Thank you.

착륙방송을 마치면 메인화면으로 이동한다.

8) 착륙 후 환송 인사방송

비행기 착륙 후 엔진 reverse sound가 나고 소리가 줄어든다. 승무원은 점프싯에 앉아 shoulder harness를 매고 있는 채로 시작한다.

착륙 후 환송 인사방송을 진행한다.

내레이션

"무사히 비행을 마쳤습니다. Farewell 방송을 진행합니다."

"가까운 점프싯의 Handset을 컨트롤러로 잡으세요."

■ Handset을 잡았을 경우

Handset의 4, 6번을 누르고 PPT 버튼을 누른 채 방송문을 읽는다. 방송이 끝나면 Reset 버튼을 누른다.

■ Handset의 PPT를 누를 경우

손님 여러분,
우리 비행기는 나리타 국제공항에 도착했습니다.
비행기가 완전히 멈춘 후 좌석벨트 표시등이 꺼질 때까지 기다려주시고, 선반을 여실 때는 안에 있는 물건이 떨어질 수 있으니 조심해 주십시오.
오늘도 ○○○○ 회원사인 저희 ○○ 항공을 이용해 주셔서 대단히 감사합니다.
저희 승무원들은 앞으로도 안전하고 편안하게 여행하실 수 있도록 정성을 다하겠습니다.
감사합니다.

Ladies and gentlemen,
we have landed at Narita International Airport.
Please remain seated until the captain turns off the seatbelt sign.
Be careful when opening the overhead bins as the contents may fall out.
Thank you for choosing ○○ Air, a member of ○○○○ and we hope to see you again soon.
Thank you.

Farewell 방송을 마치면 메인화면으로 이동한다. 비행기 내 방송실무의 모든 시나리오가 종료된다.["XVI. AI-VR 시뮬레이션"의 일부 자료(pp. 196-198의 컨트롤러 입력 버튼까지)를 제외한 모든 자료는 하나로시스템에서 제공해 주셨음]

Flight Safety Manual Based On AI-VR Simulation

저자소개

서동희

- (현) 인천재능대학교 항공운항서비스과 교수

학력

- 호주 I.C.H.M.(International College of Hotel Management) 호텔경영학 학사
- 성신여자대학교 대학원 항공서비스경영 석사
- 충북대학교 경영학과 인사 · 조직전공 박사 수료

주요 경력

- 아랍에미레이트 항공 일등석 승무원
- 네덜란드 KLM 항공 일등석 승무원
- 팬퍼시픽 항공 객실사무장
- 팬퍼시픽 항공 객실팀 매니저
- 서정대학교 항공관광과 교수

AI-VR 시뮬레이션 기반 항공안전

2021년 6월 15일 초판 1쇄 인쇄
2021년 6월 20일 초판 1쇄 발행

지은이 서동희
펴낸이 진욱상
펴낸곳 (주)백산출판사
교 정 성인숙
본문디자인 신화정
표지디자인 오정은

등 록 2017년 5월 29일 제406-2017-000058호
주 소 경기도 파주시 회동길 370(백산빌딩 3층)
전 화 02-914-1621(代)
팩 스 031-955-9911
이메일 edit@ibaeksan.kr
홈페이지 www.ibaeksan.kr

ISBN 979-11-6567-338-3 93980
값 23,000원